KB139118

살림지옥 해방일지

옮긴이 **박재현**

상명대학교 일어일문학과를 졸업하고 일본으로 건너가 일본 외국어전문학교 일한 통·번역학과를 졸업했다. 이후 일본도서 저작권 에이전트로 일했으며, 현재는 출판기획 및 전문 번역가로 활동 중이다. 역서로 『초역 니체의 말』, 『머리 청소 마음 청소』, 『이성의 한계』, 『아들러 심리학을 읽는 밤』 등이 있다.

Original Japanese title: KAJI KA JIGOKU KA

Original Japanese edition published in 2023 by MAGAZINE HOUSE Co., Ltd.
Korean translation rights arranged with MAGAZINE HOUSE Co., Ltd.
through The English Agency (Japan) Ltd., and Danny Hong Agency

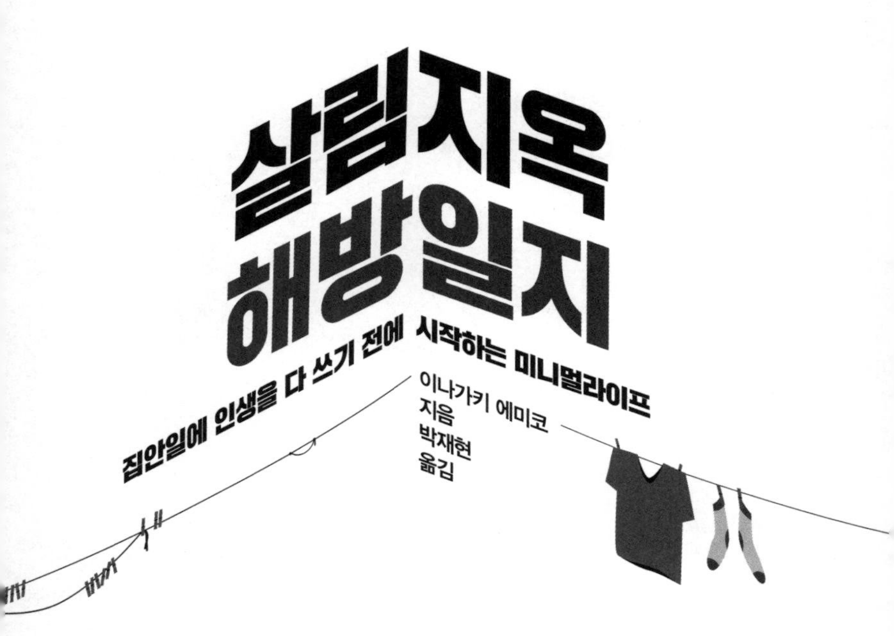

살림지옥 해방일지

집안일에 인생을 다 쓰기 전에 시작하는 미니멀라이프

이나가키 에미코 지음
박재현 옮김

21세기북스

들어가며

집안일 같은 건 없어졌으면 좋겠어

시작하기에 앞서 말해두는데, 나는 집안일 같은 데는 전혀 소질이 없다. 서툴다. 잘하고 못하고를 떠나 지금까지 집안일을 '영원한 적'으로 여기며 살았달까? 물론 이것이 나만의 이야기는 아닐 것이다. 효율을 중시하는 이 세상에서 집안일은 기를 쓰고 해봤자 돈을 벌 수도, 인정을 받을 수도 없는 일이다. 그럼에도 결국은 누구든 해야만 하고, 하물며 해도 해도 끝이 보이지 않으니… 천벌도 이런 천벌이 없다. 대체 내가 무슨 죄를 지어서 이렇게 집안일에 매여 있어야 하는지, 저주받은 인생에 항의라도 하고 싶다.

이런 이유로 요즘은 집안일을 둘러싼 논쟁이라고 하

면 그 주제는 십중팔구 '누가 집안일을 도맡아 하는가?'로, 할 수만 있다면 여기서 멀찍이 도망치고 싶다는 점에서 모든 이의 의견이 일치하는 듯하다. 서로 다른 의견이 분분한 시대적 흐름 속에서 어찌 된 영문인지 이것만큼은 온 국민의 의견이 일치하는 것 같으니 참 희한도 하다. 여기에 덧붙여 '집안일 같은 건 이 세상에서 없어졌으면 좋겠다'라고 생각한다.

그러나!

나는 어떤 계기로 생각을 180도 고쳐먹었다. 국민적 동의 사항에 단호히 반기를 들었다.

"집안일 같은 건 없어졌으면 좋겠다"라고 말하고 있을 때가 아니다. 오히려 앞다투어 집안일을 쟁탈해야 한다. 왜냐하면 남녀노소를 불문하고 만사를 제쳐두고 소위 집안일을 하는 사람, 즉 '자신의 일상을 스스로 돌보는 사람'은 인생의 진정한 승리자이기에. 특히 요즘처럼 전염병에 전쟁에 숨 쉴 틈도 주지 않고 재해가 밀어닥치는, 다음 순간에 무슨 일이 벌어질지 아무도 예측할 수 없는 시대에는 정상 궤도에 올라 그럭저럭 행복을 맛보는 그런 목가적인 바람은 누구에게나 불가능한 꿈이 되었다. 자신의 인생조차 어찌 될지 예측할 수도, 제어할 수도 없는 혼

돈의 시대에 집안일을 누군가에게 떠맡길 수 있어 '행운'이라는 식으로 말한다면 어느 사이엔가 무간지옥으로 곤두박질칠 각오쯤은 해야 한다.

내가 그 사실을 알아차린 건 나이 쉰이 되었을 때로, 할 일도 정하지 않은 채 대기업을 그만두었을 무렵이다.

스스로 한 선택이지만 아가리를 쩍 벌리고 나를 기다리고 있던 것은 바야흐로 한 치 앞도 보이지 않는 어둠! 아니, 애당초 어렵사리 입사한 회사였고 살벌한 경쟁과 중압감에 짓눌린 채 오로지 인내와 끈기로 하루하루 견뎌온 나날에서 과감하게 탈출한 것까지는 좋았다. 하지만 모든 일이 그렇듯 좋은 면이 있으면 반드시 나쁜 면도 따르는 법이라 30년 만에 맛보는 해방감과 맞바꾸듯 '갑작스레 월급이 통장에 꽂히지 않는' 비상사태가 찾아왔다.

아무리 생각해도 큰일이 아닐 수 없다. 그럴 수밖에 없는 게 돈만 있으면 얼마든지 행복을 손에 넣을 수 있는 시대니까. 다시 말해 돈이 떨어지면 불행으로 가는 화차에 몸을 싣게 되는 것이다.

그렇다면 어찌해야 할까. 고통에서 도망칠 작정이었는데 이것이 새로운 고통의 시작인 걸까? 결국에는 '돈은 있지만 시간이 없는' 생활에서 '시간은 있지만 돈이 없는'

생활로 옮겨갔을 뿐인가? 내가 원한 건 물론 그런 게 아니다. 편하게 돈 걱정 없이 행복하게 살고 싶었다! 이것은 우리 모두의 바람 아니던가! 하지만 그런 염치없는 바람이 이뤄질 리 없고 그래서 우리는 고통받는다. 그런 꿈같은 일이 뚝딱 이뤄진다면 이 세상의 진짜 불행은 홀연히 사라질… 아니, 처음부터 존재조차 하지 않았을 거다.

두려움에 떨며 쭈뼛쭈뼛 뚜껑을 열어보니 그런 얌체 같은 바람이 세상에나 맙소사! 의외로 간단히 이뤄졌다.

나를 구원한 것은 '집안일'이었다. 살림 같은 건 특기도 뭣도 아니지만, 그래도 홀로 살아온 지 어언 30년이나 되다 보니 최소한의 요리, 세탁, 청소쯤은 거뜬히 할 수 있다. 정신을 차리고 보니 나는 월급이 꽂히지 않더라도 하루하루 그냥저냥 맛있는 것을 먹고 깨끗한 옷을 입으며 잘 정돈된 방에서 생활하고 있었다.

인생, 의외로 이걸로 충분하지 않을까? 생각해보면 이런 게 바로 '풍요로운 생활' 아닐까?

그렇다면 '행복'이라는 것도 자급자족할 수 있지 않을까?

그래, 집안일만 할 수 있다면.

그 말인즉 인생의 필수품은 돈이 아니라 설마… 집안

일? 나는 예기치 못한 결론에 이르러 화들짝 놀랐다.

왜냐하면 나는 이제껏 돈을 벌려고 인생의 귀중한 시간을 이를 악물고 견디며 힘겨운 일들을 인내하고 사는 게 당연하다 생각했다. 그것이 어른이며, 그런 난관을 헤치고 나가야 비로소 행복을 얻을 수 있다고 진실로 믿으며 살아왔다. 그런데 어쩌면 그럴 필요가 없었던 것이 아닐까? 집안일을 할 수 있다는 것만으로도 행복은 이미 '지금 여기'에 있다. 돈을 벌기 위해 일할 때는 집안일 하는 시간이 마냥 헛되이 여겨졌는데, 사실은 완전히 그 반대였는지도 모른다. 오히려 살림에 집중할 수 있다면 돈 버는 시간 따위 무익한 게 아닌가. 아무튼 살림만 잘하면 별것 없어도 자신의 행복쯤 제 손으로 충분히 만들 수 있다. 그렇다면 돈에 사로잡히지 않고 자유롭게 마음 가는 대로 느긋하게 살면 될 일이다.

분명 그렇다. 다시금 생각해보면 나는 이제껏 한 번이라도 지금처럼 '풍요로운 생활'을 해본 적이 있었던가.

이제껏 돈을 벌어 그 돈으로 멋진 것을 사고 쓰는 데 바빠 집안일은 늘 뒷전이었다. 그래서 항상 다 먹지도 못할 음식들로 냉장고가 그득했고, 다 입지도 못할 옷들로 옷장이 터질 지경이었다. 그 밖에도 온갖 넘쳐나는 물건들이 방 안 가득 흩어졌고, 그게 거추장스러워 좀처럼 청소할 엄두를 내지 못해 결국 365일 24시간 거의 뒤죽박죽 어수선하고 지저분한 방에서 지냈다. 아무튼 누누이 말했지만 나는 바빴다. 돈을 벌고 쓰는 일로 쫓겼다. 정리할 시간 같은 건 없었다. 지금에 와서 돌이켜보니 나는 필사적으로 풍요로운 생활을 보내야 한다는 강박에 기를 썼던 것 같다. 하지만 무슨 영문인지 아득바득 노력하면 할수록 그 목표는 점점 멀어져갔다.

그런데 회사를 그만두고 돈 버는 시간도 돈을 쓸 시간도 확연히 줄어들자 바삐 쫓기던 생활도, 물건도 줄어 돌연 집안일이 수월해졌다. 이제까지 집안일에 100의 노력을 기울였다면 1 정도의 노력만으로도 충분했다. 매일 착착 홀가분하게 '편한 집안일'을 하고 매일 착착 '풍요로운 생활'을 손쉽게 나의 힘으로 이뤄내며 살고 있다. 그러자 그토록 귀찮게만 여겨졌던 집안일이 발칙하게도 즐거워졌다. 결국 생활 가운데 참고 견디는 시간이라는 게 사라졌다. 살아 숨 쉬는 시간이 모두 즐거웠다.

어라? 즐겁게 산다는 게 이렇게 단순한 거였나?

그 '당연한' 사실을 깨달은 뒤 나의 인생은 180도 달라졌다.

여하튼 나는 이미 행복하다. 그래서 어떤 물건을 집에 들일 때는 지금의 이 행복을 유지하는 게 최우선이 되었다. 너무 넓은 집이나 너무 많은 물건은 모처럼 손에 넣은 나의 편한 집안일을 힘들게 하는 '불행의 원인'으로밖에 보이지 않았다. 그런 관점에서 보니 집세나 약간의 식비 정도만 벌어도 충분했다. 이 사실을 확인하고 나니 눈앞이 환히 밝아졌다. 돈이 제아무리 많아도 부족하게만 느껴지던 불안도, 이도 저도 죄다 갖고 싶던 끝 간데없던 욕망도, 남을 부러워하며 초조해하고 우울해하던 것도, 인생에 어쩔 수 없이 따르는 것이라며 포기했던 크나큰 스트레스도 일절 없는 인생이 내게 저절로 굴러왔다.

그래서 나는 확신했다.

이 불확실하고 성장도 기대할 수 없는, 게다가 100년이나 살아야 하는 근심스러운 세상을 어떻게든 살아내기 위한 최강 아이템으로 많은 사람이 열심히 돈을 모으고 있다. 하지만 돈을 버는 것도 모으는 것도 쉽지 않은 불안한 시대가 되었고, 지금은 돈에만 의존하여 행복한 인생을 살아간다는 건 얼토당토않은, 말 그대로 미션 임파서블이다.

우리에게 필요한 건 돈을 대신할 인생의 필수 아이템이 아닐까? '○○만 있으면 인생은 어떻게든 된다'의 '○○'

에 들어갈, '돈' 이외의 무엇인가를 발굴해야만 한다.

맞다. 그게 집안일이다.

이렇게 말하면 많은 사람이 믿기 힘들다는 듯한 표정을 지을 것이라는 걸 안다.

당연하다. 인생의 최대 파트너라고 굳게 믿고 있는 '돈'을 '집안일'과 바꾸라니 '아하, 그렇군요'라고 간단하게 수긍하기란 쉽지 않은 일이다.

그래서 이 책에서는 여러분처럼 돈을 신처럼 믿고 살아온 내가 어떤 연유에서 이처럼 과격하다 싶을 만큼 생각을 고쳐먹었는지, 그 결과 지금 어떤 생활을 보내고 있는지, 즉, '집안일을 함으로써 최소한의 돈으로 편하고 풍요롭게 생활'하는 게 실제로 어떤 느낌인지를 사실에 근거하여 가능한 한 자세히 이야기하려 한다.

또한 이 같은 '새로운 생활'이 불러온 구체적인 효능, 즉 온갖 재해나 경제적인 상황, 노후 대응에 이르는 만능 효능에 대해서도 이야기하려 한다.

특히 '노후'는 더 강조하고 싶은 내용이다. 현대는 갖가지 위기로 가득하다. 이런 시대에 누구나에게 주어지는 가장 큰 불안은 역시 '노후에 어떻게 살아갈 것인가'라는 문제일 것이다. 그러나 이 국민적 위기에 대하여 구체적으로 어떻게 대비하면 좋을지, 중요한 사항에 대해서는 결국 '돈을 모아라' '건강하라'라고만 이야기하는 것 같다. 그게 어려워서 다들 고민하는 것인데도 말이다. 그러나 더는 걱정할 것 없다. 집안일을 하는 것 자체가 이 위기에 현실적으로 대처하는 최고의 대책이기에 무엇보다 집안일은 할 마음만 있으면 누구나 할 수 있다. 이 문제에 맞다 그르다 찬반을 가르기에 앞서 일단 이 책을 읽어주었으면 좋겠다.

물론 '일단 나도 해보자'라고 마음먹은 단계에 이른 사람들을 위한 구체적인 방법에 대해서도 이야기하려 한다.

이런 생활이 '옳다'거나 '다들 이래야 한다'라고 말하고 있는 게 아니다. 그저 이러저러한 우연으로 이 같은 가치관을 가지게 된 사람으로서, 영원히 해결하지 못할 것처럼 여겨지던 이런저런 고민에서 홀가분하게 벗어난 나의 실제 경험을 같은 고민으로 살아가는 분들에게 꼭 전하고 싶었을 뿐이다. 내 생각의 옳고 그름을 판단하는 것과는 별개로, 집안일이 단 한 번뿐인 나의 소중한 인생을 구원한 것만큼은 분명한 사실이다. 나의 인생을 구원했으니

다른 사람의 인생도 구원해주지 않을까?

그런 마음에서 이 책을 썼다.

차례

CHAPTER 1

내가 찾은
내 맘대로 살림

나의 '풍요로운 생활'이란

먼저 우여곡절 끝에 나이 쉰에 비로소 손에 넣은 '정말 편한 집안일'의 하루를 구체적으로 소개해본다.

오전5시　　기상

정말 이른 시간이다. 예전에는 절대 이 시간에 일어나지 못했다. 아침에는 늘 1분이라도 더 자고 싶었던 나인데 지금은 1분이라도 일찍 일어나고 싶다. 귀찮은 집안일에서 해방되었다고는 하지만 하루가 너무 즐겁다. 온통

놀이만 생각하던 어린 시절로 돌아간 것 같다. 지금은 집안일의 부담이 사라져 온종일 자유시간이 된 만큼, 일찍 일어나면 일어날수록 이득이다. 엄청 편한 집안일!

일단 일어나서 제일 먼저 아침 햇살을 받으면 약 1시간가량 여유롭게 명상을 한 뒤(셀럽 같아!) 드디어 문제의, 그러나 순식간에 끝나 지금은 마치 오락으로 변해버린 '새로운 집안일'을 시작한다.

오전 6시~	빨래 (대야에 전날 빨랫감을 담가두었다가 손세탁한 후 말린다)	약 10분
	청소 (빗자루로 바닥을 쓸거나 걸레로 닦는다)	약 10분

이걸로 끝! 아, 개운해!

여하튼 이것으로 요리 외의 집안일은 말끔히 끝났다! 결국 나의 '풍요로운 생활'이 거지반 완성된다. 그래도 아직 아침 6시 20분. 이후의 시간은 무얼 하든 오케이. 몇 번을 말하지만 인생은 자유다.

이런 이유로 나의 남아도는 자유시간을 어떻게 쓸지, 즐겁게 이런저런 일들을 시도하고 시행착오를 겪어 마침

내 다다른 일정이 다음과 같다. 결국은 이것이 지금 나의 이상적인 하루로, 실제로 이대로 매일매일을 살고 있다.

- 오전 6시 반~ 요가
- 오전 7시~ 피아노 연습
- 오전 9시~ 근처 카페에서 일하기(글쓰기 등)
- 정오~ 집으로 돌아와 5~10분으로 조리한 점심 먹기 때때로 낮잠
- 오후 2시~ 다른 카페에서 일하기(글쓰기 등)
- 오후 5시~ 목욕탕
- 오후 6시~ 집으로 돌아와 5~10분으로 조리한 식사에 좋아하는 술을 따끈하게 데워 반주로 곁들이기
- 오후 7시 반~ 은근히 취한 상태에서 설거지를 하고 식기장에 수납한 뒤 파자마로 갈아입고 벗어놓은 속옷을 비눗물이 담긴 대야에 넣기. 이후 라디오로 클래식 음악이나 사연, 유행하는 노래 등을 들으면서 뜨개질, 독서, 스케치 연습하기
- 오후 10시 취침

이렇게 오늘 하루도 평화롭게 끝난다.

집안일이란 인생의 묘미를 확인하는 것

이렇게 쓰고 보니 나의 생활이 지극히 소박하다. 거품경제기에 청춘 시절을 보낸 인간으로서 진짜로 감개무량하다. 사람은 변하려고 하면 얼마든지 달라질 수 있다. 생떼를 쓰는 게 아니라 그 어느 때보다 지금 이 생활이 내 인생에서 최고다.

어떤 것이 멋진가 하면 무엇보다 시간이 넉넉하다는 것!

일본 총무성 통계에 따르면 보통 한 사람이 하루에 집안일에 투자하는 시간은 약 3시간이라고 한다. 내 경우에는 고작 30~40분에 끝나기에 그것만으로 자유시간은 비약적으로 증가한다.

하지만 진짜 중요한 사실은 그게 아니다.

매일 잘 정돈된 방에서 청결하고 기분 좋게 마음에 드는 옷을 입고 맛있고 건강한 음식을 먹을 수 있다면 무엇이 더 필요할까?

마음에서 우러나는 그 만족감을 매일 단 40분의 집안일로 얻는다.

세상이 어떻게 돌아가든 내 몸에 어떤 위급한 일이 일어나든 나는 하루 40분의 집안일만으로도 충분히 만족할

만한 생활을 만들어간다고 생각하니 가슴 뭉클해진다.

대다수 사람은 당연한 듯 '행복하려면 반드시 돈이 필요하다'라고 믿는다. 물론 나도 과거에는 그렇게 믿고 살았다. 그러나 지금은 행복이란 얼마든지 내 손으로 짧은 시간에 손쉽게 뚝딱 만들 수 있는 거라고, 걸레를 한 손에 쥐고 절실히 느끼며 지극한 행복감에 빠졌다.

이 사실을 깨닫고 나니 이런저런 불안이나 불만에 대해 우물쭈물 고민하는 시간이 말끔히 사라졌다. 이 경지에 이르니 이제껏 나라는 인간이 참으로 끙끙 고민하며 살아왔구나, 많은 시간과 에너지를 불안과 불만으로 탕진해왔구나 하고 비로소 깨달았다. 그 불모의 지옥에서 무사히 졸업한 나는 눈앞에 나타난 엄청난 자유시간을 고마운 마음으로 누릴 따름이다. 결국 걱정 없이 하고 싶은 '온갖' 일들을 자유롭게 시도하며 지내고 있다. 40년 만에 다시 시작한 피아노는 매일 최소 2시간은 연습한다. 비록 거북이 걸음마처럼 느리지만 차근차근 실력이 향상되고 있다(그렇게 믿는다). 내친김에 하고 싶던 다도, 서예, 발레와 뜨개질도 시작했고 30년 만에 하고 싶던 그림도 자유로이 그리기 시작했다.

이 얼마나 예술적인 나날인가!

마치 어느 나라의 공주님 같다. 수수한 생활이지만 아무리 생각해도 '풍요로운 생활'이 아닌가! 돈이나 물건이 없어도 괜찮았던 것이다. 약간의 시간과 노력으로 얼마든지 자족하는 생활을 보낼 수 있다. 그 사실을 깨닫는다면 이제 홀가분하고 밝게 자신의 충분한 시간을 이용하여 하고 싶은 일을 즐기며 지내면 된다.

그런 세계가 이 세상에 존재했다니!

설마 집안일을 사랑할 줄이야

무엇보다 내가 놀란 것은 내 인생에서 그토록 귀찮고 성가시던 집안일이 '사라졌다'는 사실이다. 50년 가까이 씨름해 온 집안일, 어쩔 수 없이 해야만 한다고 생각하면서도 문득 정신을 차리고 보면 빨랫감이 밀리고 식기는 쌓이고 먼지도 쌓이고 옷가지는 여기저기 흩어지는, 요컨대 끝이 보이지 않던 집안일. 사람으로서 내게는 중요한 무언가가 빠져 있는 게 아닐까 하는 괴로운 심정을 자아냈던 집안일.

그렇다. 집안일이라는 것은 특별히 좋지도 싫지도 않지

만 살아있는 동안 나의 인생에 요괴처럼 척 들러붙어 끊임없이 우울함을 안겨주는 존재였다.

문득 현실을 돌아보니 '그것'이 없다. 어느 결에 사라져버렸다. 대체 무슨 일이 일어난 거지?

생각해보면 집안일이 그토록 귀찮고 성가셨던 이유는 그것이 너무 힘들었기 때문이다. 만약 그 힘든 집안일을 말끔히 끝내버린다면 물리적으로도 정신적으로도 멋진 생활이 될 테지만 여기서 문제는 그것을 매일 해야만 하기에 시간도 노력도 엄청나게 필요하여 절대 끝내버릴 수 없다는 것이다. 영원히 끝날 것 같지도, 도저히 해결될 것 같지도 않은 숙제. 그 눈엣가시 같은 영원한 적을 어떻게 좋아하게 된 걸까?

하지만 그 상대를, 마치 호흡하듯 그 존재조차 잊을 만큼 편하게 단시간에 해치울 수 있다면… 물론 이야기는 완전히 달라진다. 그저 숨 쉬듯 멋진 생활을 즐기면 된다.

그게 내 인생에 일어난 마법의 전부다.

대체 무엇을 어떻게 했길래 그런 멋진 마법이 찾아온 것일까?

지금부터 그 비밀을 밝혀 보려고 하는데, 먼저 말해두고 싶은 것은 '집안일을 없애자'거나 '편하게 하자'는 목적으로 한 일이 아니라는 사실이다. 집안일과는 무관하게 그저 부정적인 체험이 쌓이고 쌓인 결과 어느 사이엔가 상상도 하지 못한 극강의 편안함에 이른 것이다.

지금에 와서 생각해보면 그런 게 '진짜'가 아닐까? 사람이 머리로 생각하는 것은 뻔하다. 아무리 고민하고 생각을 짜내도 지금까지의 체험이나 상식을 뛰어넘기란 지극히 어렵다. 따라서 인류의 위대한 발견 대부분은 많든 적든 '우연'에 의해 찾아온다.

그러니 나도 분명 위대한 발견을 한 셈이다.

가전을 포기했더니 집안일이 편해졌다?

맨 처음 계기는 '절전節電'이었다.

동일본대지진 이후 후쿠시마 원자력발전소 사고를 계기로 현재 내가 누리고 있는 편리하고 쾌적한 생활이 원자력발전소에 지나치게 의존적이었다는 사실을 새삼 깨달았다. 거기서 벗어나야겠다는 생각으로 전기 사용량을 최대한 줄이려는 혼자만의 싸움을 시작했다. 뭐, 이 정도라면 전혀 이상할 게 없다. 하지만 나는 독신인 탓에 의욕적으로 행동에 나선 나를 말려줄 사람이 주위에 아무도 없었고 급기야 지금껏 당연한 듯 사용하던 전자제품 없이도 지낼 수 있지 않을까 하는 생각에서 하나씩 하나씩 처분하는 지경에 이르렀다.

이 '거센 실천'이 생각지도 못한 장밋빛 세계로 향하는 문이었다.

놀랍게도 가전제품을 하나씩 없앨 때마다 집안일이 편해졌다.

이건 생각지도 못한 놀라운 변화가 아닌가! 가전제품이란 한마디로 정의하면, '집안일을 편하게 해주는 도구'다. 그래서 아무리 기분파인 나라도 그걸 없애기로 결심하면서(결코 호들갑이 아니다) 앞으로 나의 일상생활이 얼마나 힘들어질지 우려하는 가운데 내 인생을 걸고 나름의 각오를 했다. 그런데 일단 없애고 보니 집안일이 엄청나게 편해졌으니, 대체 누가 이럴 거라고 상상이나 했을까.

하지만 이것이 사실이다.

정말로 청소기를 없앴더니 청소가 편해졌고, 세탁기를 없앴더니 빨래가 편해졌으며, 밥솥과 전자레인지에 이어 냉장고도 없앴더니 놀라우리만치 밥하는 게 편해졌다! 나는 여우에 홀린 듯했다.

그리고 다음 이변은 이런저런 고심 끝에 회사를 그만두고 인생 첫 '월급 없는 생활'을 시작했을 때 일어났다.

돈이 없으니 집안일이 편해졌다?

월급이 들어오지 않으니 돈이 없었다. 돈이 없으니 지금까지 당연하게 누려온 생활에서 이런저런 것들을 포기해야만 했다. 먼저 집세를 절약하려고 고급 맨션에서 낡은 원룸으로 이사했다. 공간이 좁아지니 물건을 수납할 곳이 없었다. 결국 옷도 화장품도 수건도 식기도 조미료도 조리도구도 이제껏 오랜 세월 열심히 일해서 차곡차곡 사 모은 나의 수집품 대부분을 포기해야 했다.

옷은 한때 베스트셀러였던 『시크한 파리지엔 따라잡기』에 나온 대로 열 벌 정도만 남겼고, 식사는 휴대용 가스버너를 이용해 소금과 간장, 된장만으로 요리해 마치 혼자 캠핑하는 듯한 생활이 시작되었다. 수도승과 같은 금욕생활이 더 빛나 보이던 시절이었다.

그리고 그 '비극'적인 생활을 실천한 결과로 무슨 일이 벌어졌는가 하면, 맙소사! 집안일이 한결 더 편해졌다!

청소도 빨래도 음식 만들기도 각기 약 10분밖에 걸리지 않는다. 이만큼 간편해지니 앞서 말했듯이 귀찮고 성가시게 느껴졌던 집안일과의 관계가 어느새 편하고 가뿐해졌다.

단시간에 부지런히 몸을 움직임으로써 정갈하게 정돈된 방에서 맛있는 음식을 먹고 마음에 드는 옷을 입으며 지내는 그런 이상적인 생활이 매일 실현될 수 있다면 아무리 게으르고 야무지지 못한 사람이라도 신나게 움직일 수 있다. 그때 나는 문득 깨달았다. 집안일이란 인생에서 돌고 도는 악몽이 아니라 '자신을 위한 접대'라는 것을.

집안일은 스스로 자신의 마음을 돌보는 것, 자신을 소중히 하는 것, 자기를 인정해주는 사람이 없어도 자신만큼은 스스로를 분명히 인정하고 있음을 확인하는 것이다. 지금껏 집안일이 몹시 힘들었다. 도저히 못 하겠다며 두 손 들고 포기할 만큼은 아니지만 그래도 나 자신을 돌보는 귀중한 행위로는 여기지 않았다. 오히려 힘들고 귀찮은 집안일 같은 건 없어지면 좋겠다고 생각했다. 그랬던 나의 생각이 180도 바뀌다니 있을 수 없는 일이었다.

집안일을 하지 않는다는 건 자신을 소중히 여기는 마음가짐을 내버리는 게 아닌가!

이리하여 하루가 끝날 무렵 나의 작은 주방을 수도꼭지부터 가스대, 개수대와 벽까지 행주로 죄다 말끔히 닦고 마지막에는 그 행주를 손으로 깨끗이 빨아 베란다에 탁탁 털어 말리는 게 최고의 기쁨인 인생이 시작되었다. 오늘도 많은 일이 있었지만, 여하튼 자신을 말끔하게 잘 정돈하고 마무리했다. 아, 나는 괜찮구나! 절로 이런 생각이 드는 고마움. 그날의 마무리를 말끔히 끝내는 것은 실로 상쾌한 일이다.

그 사실을 50년을 살아오면서 나는 처음 알았다. 정돈되어 상쾌하고 여유로워지는 기분. 사우나를 하고 난 듯 개운한 기분이랄까. 아니, 사우나로 그치지 않는다. 어떤 호사스러운 사치도 그 이상의 여유와 마음의 평온을 가져다주지 않는다.

이쯤 되니 나도 놀랄 수밖에 없었다. 그간 인생을 걸고 푹 빠져 있던 미식이나 쇼핑이라는 '오락'이 돌연 '아무래도 좋은' 게 되어버렸으니 말이다.

살아있는 한 최소한의 집안일은 어쨌든 해야 하는 일인데 그 집안일이 손쉬운데 즐겁기까지 하니 마음이 밝아진다. 결국 살아있는 것만으로도 최고 수준의 즐거움이 보장된다. 살아있는 한 언제나 즐거움으로 채워진다. 살아있는 것만으로 이로운 게 가득하다.

'부족한' 건 아무것도 없다.

이런 만족감에 마치 고명한 수도승과 같은 심경에 이르렀다.

편리와 풍요가 살림지옥으로 가는 길

이건 대체 무슨 일이지?

지금껏 단 하루도 살림지옥에서 벗어난 적이 없었다. 그런 내게 도대체 무슨 일이 일어난 걸까? 나는 변함없이 그대로인데. 집안일을 전문적으로 가르치는 학원에 다녀서 효율적으로 능수능란하게 할 줄 알게 된 것도 아니고, 집안일을 획기적으로 줄일 수 있는 특별한 정보를 알게 된 것도 아니다.

그런데 집안일이 훨씬 편해졌고 게다가 대폭 줄었다. 마지막으로 얼마 남지 않은 일조차 마치 오락처럼 느껴지는 놀라운 변화가 내게 찾아왔다.

아하, 그렇구나! 결국 이런 거였어!

그 원인은 내가 아닌 내가 만든 환경에 있었던 거다.

'원자력발전소 사고'와 '퇴사'라는 두 가지의 위급 상황으로 나는 이제껏 살아온 생활방식을 완전히 바꾸어 아무것도 없는 작은 상자 같은 방에서 매일 같은 옷을 입고 매일 같은 것을 먹으며 생활하게 되었다. 한마디로 말해, 지금껏 추구해왔던 '편리하고 풍요로운 생활'과는 180도 달리 살게 되었다. 나로서도 놀라운 변화다. 그도 그럴 것이 나는 그런 비참한 인생을 살아가지 않으려고 몇십 년 동안 치열한 경쟁을 치렀고 견디기 힘든 어려움을 인내하며 나 나름으로 열심히 노력했었다. 대체 이제까지의 내 노력은 무엇이었나?

발을 동동 구르며 분한 마음을 터트릴 판이다. 그런데 놀랍게도 실제로 해보니 의외로 아무것도 없어도 충분했다.

없는 물건은 없다. 울며불며 떼를 써서라도 있는 걸로 어떻게든 해나갈 수밖에. 그렇게 시작된 판에 박힌 단출한 생활은 막상 뚜껑을 열고 보니 비참하다기보다는 그저 간결하고 단조로웠다.

한마디로 '편했다'.

맞다. 뒤집어 생각하면 지금까지 끊임없이 추구한 편리하고 풍요로운 생활은 몹시 힘들기도 했다. 그도 그럴 것이 이런저런 것들을 손에 넣기 위해 쉬지 않고 노력해야 했고 그렇게 손에 넣은 것을 사용하는 데도 나름의 시간과 노력이 필요했다.

그랬구나! 그래서 나는 집안일로 내내 고통받고 있었던 거로구나!

폭주하는 욕망이 지저분한 방의 원흉이었다!

'풍요로운' 생활을 좇아 더 멋진 옷을 입고 싶다거나 더 맛있는 것을 먹고 싶다는 욕망을 부풀려온 결과, 집 안은 늘 먹다 남은 음식과 입지도 못할 옷으로 흘러넘쳤다. 그리고 그것을 어떻게든 수납하기 위해 집은 점점 커졌다. 당연히 요리도 청소도 한층 더 힘들어지고 그것을 어떻게든 편하게 하려고 '도구'를 사고 그 도구를 써서 어떻게든 해보려다 보니 물건이 늘어갔다.

아, 눈덩이처럼 커지는 욕망덩어리!

이리하여 우리 집은 어느 사이엔가 나의 제어가 듣지 않는 욕망으로 가득한 악마의 소굴이 되어 있었다.

그런 집을 철저히 제어하는 일, 누구도 불가능하지 않

을까?

결국 내가 정리해야 했던 것은 정돈하지 못한 물건들이 아니라 나의 비대해진 욕망이었다.

하지만 이제껏 그런 생각을 해본 적이 없었다.

집안일로 쩔쩔매는 이유는 순전히 나의 집안일 처리능력이 모자른 데 있다고만 여겨서 내내 자신을 탓했다. 그랬는데 그게 아니라는 사실을 알고 그것만으로도 살아있어 좋다고 생각했다. 나는 무언가에 사로잡혀 있었지만, 그 저주는 내 힘으로 깨끗이 풀었다.

행주 한 장으로 OK!

오랜 기간 전혀 이해하지 못했다. 아니, 그런 건 있을 수 없다며 완전히 체념하고 있었다. 예컨대, 부엌.

부엌이란 자고로 요리하는 곳이다. 먼저 요리 자체만으로도 몹시 힘들어 간신히 완성한 요리를 잘 먹어주면 그제야 안도의 한숨을 돌리지만 돌연 더러워진 접시는 대체 누가 닦을 것인가 하는 문제가 발생한다. 설거지가 힘들다. 특히 요리하는 데 이미 진땀을 흘린 터라 정말 슬프다. 그래도 언젠가는 해야만 하기에 온 힘을 짜내어 몸을 일으켜 접시나 무거운 솥단지, 도마 등 조리도구도 부지런히 닦고 그 단계에서 이미 '하얀 재'만 남는다. 그러니 물기를 닦아 다시 식기장에 수납하는 일은 늘 다음으로 미루어지기 일쑤였다.

그런데 그런 나의 '상식'을 뿌리부터 뒤집은 엄청난 인물이 나타났다.

그는 젖먹이를 안고 전혀 언어가 통하지 않는 파리에서 살게 된, 비상사태에 처한 언니의 집에서 만난 한국인 가사도우미였다. 여름휴가에 갔을 때 목격한 그녀의 일하는 모습은 실로 지구를 구하러 온 히어로의 면모였다! 2시간 만에 몇 종류의 반찬을 후다닥 만드는 것만으로도 충분히 놀라운 데 여기에 더 놀라운 것은 맨 마지막에 반드시 부엌을 윤기 나게 닦는다는 점이었다. 접시와 냄비를 정리한 뒤 그 주변에 세제를 풀어 작업대부터 싱크대, 바닥 구석구석까지 박박 닦는다. 거기서 마침내 '청소 종료!'

그야말로 눈이 번쩍 뜨인다. 헉! 이런 세계가 있었다니. 마치 폭풍이 몰아치듯 맹렬히 움직이던 그녀가 돌아간 뒤 부엌은 정말 빛나고 왔을 때보다 훨씬 아름다워져 있었다. 과연 이 같은 습관을 몸에 익히면 주변의 모든 게 사용할수록 아름다워질 것이 분명했다. 사용할수록 당연한 듯 조금씩 더러워지는 나의 부엌과는 너무도 달랐다.

아하, 이런 게 집안일을 '끝내는' 거로구나. 이거 엄청난데. 나는 진심으로 감탄했고 어쩌면 나도 할 수 있을지 모른다고 생각하게 됐다. 물론 그것은 별개 문제이지만. 매일 요리에 쫓기고 기력조차 남지 않는다. 그런 세계는 꿈에서도 생각지 못했는데, 지금 내가 그 '비슷한 것'을 하고 있다.

식사를 마치면 식기와 조리도구를 설거지하고 행주로 물기를 닦아 정리하고, 이어서 그 행주로 벽을 닦고 작업대를 닦고 수도꼭지와 싱크대, 식탁을 닦는다. 슈퍼히어로 가사도우미 아줌마와 얼추 비슷해졌다. 마지막으로 물을 가득 담은 대야에 그 행주를 담가두었다가 손으로 빨아 베란다에 널어 말린다. 이것으로 부엌일은 끝!

이렇게 하고 나면 얼마나 상쾌한지 모른다. 오늘의 더러움은 오늘 중으로 전부 없애고, 내일부터 새로운 하루를 시작하는 일은 이루 말할 수 없을 만큼 기분 좋다. 할 일을 하나도 남기지 않는 개운함이 마음도 새롭게 만든다.

불가능할 것처럼 보이던 이 일이 가능하게 된 데는 크게 두 가지 이유가 있다.

먼저 냉장고를 없앤 작은 부엌으로, 매번 요리는 국 하나, 반찬 하나로 정했기 때문이다. 요리도 초간단, 빨래도 최소한으로 하면 기력도 체력도 충분히 남는다.

다음으로는 '행주 한 장'으로 모든 걸 닦는다고 정한 것이다.

그 발상의 계기는 작아도 너무 작은 부엌에서 행주를 수납할 장소가 없어 한참을 고민하다 지혜를 짜낸 결과로, 행주 한 장으로 그릇부터 테이블, 작업대까지 '위에서 아래로' 흐르듯이 닦으면 문제없다고 생각했기 때문이다. 사용하는 도구가 하나면 작업이 대수롭지 않게 느껴진다. 도구가 많을 필요는 없다. 많은 것을 많은 도구로 닦고 마지막에 그 많은 도구까지 닦아야 한다면… 생각만으로도 머리가 지끈거리고 귀찮음이 물씬 피어오른다.

결국 도저히 나로서는 불가능처럼 보이던 '집안일을 마치고 하루를 끝내는' 일이 특별한 능력을 기르지 않아도 생활과 도구를 줄임으로써 넝쿨째 굴러들어 왔다. '복잡화'가 아니라 '간소화'만이 게으른 사람을 풍요로운 생활로 인도하는 길임을 온몸으로 체험한 순간이다.

CHAPTER 2

당신의 집안일이 편해지려면

5년간 4분 늘어난 집안일

그렇게 꿈같은 편하고 단출한 살림을 손에 넣었지만, 실제로 해보니 특별한 기술이나 재능이 필요한 것도 아니고, 하물며 돈도 전혀 필요치 않다. 결국 누구든 하려는 마음만 있다면 이런 인생 당장이라도 손에 넣을 수 있는 거다.

그러나 세상이 돌아가는 모습이나, 과거의 자신을 돌아봐도 현실은 그리 녹녹하지 않다.

그것은 대체 왜일까? 이것은 집안일 그리고 인생을 고민하는 모든 사람이 한번 곰곰이 고민해볼 문제라고 생각한다.

여하튼 지금처럼 많은 사람이 집안일 부담을 줄이려 노력하는 시대는 없었다.

생활에는 아무래도 돈이 들고 그에 비해 수입은 증가하지 않는 정체 시대인 것이다. 맞벌이가 당연시되고 그만큼 '집안일은 누가 하는가'라는 문제가 발생하는데 결국은 세상의 적지 않은 사람이 어떻게든 집안일을 편하게 하고 싶다며 매일 진지하게 생각하고 거듭해 노력한다. 그도 그럴 것이 집안일만 손쉬워진다면 돈을 벌고 돈을 쓰는 데 시간을 써서 인생은 더욱 풍요로워지기에.

하지만 그것이 좀처럼 제대로 되지 않는다.

일본 총무성 조사에 의하면, 남녀평균 1일 집안일 시간은 5년 전과 비교해 4분이 증가했다(남자는 19분에서 25분, 여자는 2시간 24분에서 2시간 26분). 줄어들기는커녕 오히려 늘어났다! 내가 극히 단시간에 초간단 집안일을 달성한 것과 비교하면 엄연한 차이가 있다.

이처럼 열심히 노력하고 있음에도 좀처럼 개선되지 않는 경우, 그 원인은 단 한 가지다.

노력의 방향성이 잘못되어 있는 거다.

좋을 거라는 생각에서 한 일이 의외로 무의미한, 아니

오히려 상황을 악화시키는 원인이 될 가능성조차 있다.

무엇을 숨기겠는가, 다른 누구도 아닌 바로 내 이야기다.

노력의 방향성이 거꾸로였다?

자랑은 아니지만 쉽고 편한 집안일을 통해 세련되고 똑똑한 인생을 보내겠다며 약 반세기에 걸쳐 나 나름으로 노력해왔다. 그런데 지금에 와서 생각해보면 당연한 듯 보이던 노력이 사실은 집안일을 더 고된 것으로 만들고 인생을 혼란에 빠뜨린 원인 그 자체였다. 하지만 나는 진지하게 노력했기에 잘되지 않는 건 순전히 노력이 부족하기 때문이라며 한층 더 바보처럼 노력에 노력을 거듭했고, 결국 상황은 점점 더 나쁜 방향으로 흘러갔다.

내가 그런 출구도 없는 개미지옥에 빠져 있었다는 사실을 알아차릴 수 있었던 것은 정말이지 행운이었다.

원자력발전소 사고, 그리고 과감하게 실행에 옮긴 퇴사. 둘 다 집안일과는 무관해 보이지만, 결과적으로 남보다 탐욕스러웠던 내가 전기와 돈에 의존하지 않는 생활을 선택하는 일대 전환을 가져왔다. 바로 행운을 불러왔다. 아니, 뚜껑을 열어보니 그 순간부터 아무런 노력 없이도 '풍요로운 생활'이 저절로 손안으로 굴러들어 왔다. 이리하여 나는 자신이 얼마나 바보 같은 노력을 해왔는지를 깨닫게 되었다. 물론 그 사실을 알아차릴 수 있었던 것은 매우 기쁜 일이었지만, 동시에 좀 더 빨리 알았더라면 나는 인생의 귀중한 시간을 좀 더 풍성하고 여유롭게 즐길 수 있었을 게 분명하다. 분하다. 엉뚱한 방향으로 필사적으로 달렸던 과거의 내게 '아니, 그쪽이 아니야!' '그쪽에는 지옥이 기다리고 있을 뿐이야!'라고 큰 소리로 외치고 싶다.

하지만 누구도 지나간 시간을 되돌릴 수 없다.

따라서 멋대로지만 풀 길이 없는 나의 이 분한 마음을 현대를 사는 낯선 이들에게 터뜨리고 싶다.

그런 까닭으로 이제부터는 '집안일을 그만두기 위한(이나가키식) 3원칙'으로 명명한, 과거의 나 같은 사람들이 빠져 있을 게 빤한 '중대한 착각 포인트'를 정리해 전하고 싶다. 그중에는 과하다 싶은 것도 있을 테지만, 만약 당신이 지금 진심으로 집안일에 부담과 어려움을 느낀다면 문제 해결을 위한 단서로 활용할 수 있는 힌트가 되어줄 것이다.

집안일이 쉬워지는 이나가키식 3원칙

● 편리함을 버려라

첫 번째 원칙은 '편리함을 버려라'라는 것이다.

갑자기 머릿속에 물음표가 떠오를지도 모르겠다. 당연히 그럴 거다. 귀찮고 성가신 작업(집안일 같은)을 해야 하는 경우 그 번거로움을 줄여줄 '편리'한 기계나 상품 등 귀에 솔깃한 정보를 이용하면 작업은 단연코 편해진다. 당연하다. 누가 생각해도 100퍼센트 옳다고밖엔 생각되지 않는다. 물론 나 역시도 이제껏 그렇게 믿었다.

그런데 내가 편한 집안일을 하게 된 발단은 앞서 말했듯이 원자력발전소 사고라는 위기 상황을 계기로 이제껏 당연하게 사용해 오던 편리한 전자제품을 하나씩 없애면서였다.

'편리'라는 깊고 깊은 수렁

전기밥솥을 없앴다, 전기레인지를 없앴다, 청소기를 없앴다, 세탁기를 없앴다, 냉장고를 없앴다… 물론 결사의 각오로! 여하튼 이들 가전 중 어느 것 하나 없이 살아본 경험이 없기에 과연 어떻게 집안일이 돌아갈지 상상조차 해본 적 없다. 어떤 엄청난 일이 기다리고 있을지 잔뜩 겁먹은 채 내린 결단이었다.

그런데 직접 해보니 의외로 별일이 없었다. 아니, 오히려 점차 집안일이 편해지는 게 아닌가. 물론 혼란스럽기는 했다.

그래서 필사적으로 생각했다. 이건 대체 무슨 일이지? 여기에는 두 가지 주요한 이유가 있었다.

먼저, 편리한 물건은 바로 그 편리함 때문에 간단한 일을 어느 사이엔가 '큰일'로 만들어버리는 특성이 있다.

무슨 말인가 하면, 편리한 것을 손에 넣으면 분명 '할 수 있는 일'이 많아진다. 그런데 이 '할 수 있는 일'이 어느 사이엔가 '해야만 하는 일'이 되고, 그게 어느 사이엔가 '풍요로운 인생'이 되어 거기서 결코 내려와서는 안 된다는 강박에 사로잡힌다. 그 반동으로 나는 잘 만들어진 개미지옥 같은 현실 속에 살고 있었다.

그 사실을 나는 편리한 것을 놓아버림으로써 비로소 깨달았다.

대야 하나로 손에 넣은 행복

예를 들면 이런 거다.

세탁기가 있으면 많은 세탁물을 손쉽게 빨 수 있다. 아무리 크고 뻣뻣한 빨랫감이라도, 아무리 많아도 집어넣고 스위치를 누르면 끝.

얼마나 고마운 이야기인가! 그런데 이러면 빨랫감이 늘어난다. 망설임 없이 늘어난다. 무의식중에 자꾸만 많아진다. 빨랫감이 많아져도 세탁하는 절차는 달라지지 않기에 많아진들 문제 될 건 없다. 결국은 이것저것 휘지르고 망설임 없이 빨래 바구니에 던져넣는 게 당연시된다. 그러는 가운데 많은 양의 빨래를 한꺼번에 세탁하는 게 효율적이라며 '주말에 한꺼번에 세탁기를 돌리는' 그럴듯한 생각에 이른다. 이게 과거 나의 세탁 생활이었다.

어딜 보더라도 합리적이다!

그런데 이 완벽해 보이는 생각 뒤에 터무니없는 '위험'이 도사리고 있었다.

당연한 일이지만 속옷이나 수건, 행주 등 매일 사용하는 것은 적어도 일주일 동안 사용할 분량을 갖추고 있어야 했다. 왜냐하면 세탁물을 모았다가 빨았기에. 그렇지 않으면 어제 입은 속옷을 이틀 연속하여 입는 사태가 벌어진다. 이리하여 물건이 점점 많아진다. 그뿐만이 아니다. 문제는 빨랫감을 일주일간 쌓아두는 게 당연해진다는 점이다.

빨래 바구니에는 언제나 '오염된 빨랫감'이 담겨 있고 그것을 볼 때마다 찝찝하다. 결국 청결하게 살려고 전용 기계를 집안에 들였음에도 청결한 삶과는 거리가 멀어진다. 하지만 이 이상 대체 무엇을 할 수 있을까? 방도가 보이지 않으니 그저 찝찝한 마음으로 하루하루를 살아간다.

그랬는데 앞에서 말한 절전을 목표로 세탁기를 없앴더니 그런 고민이 단숨에 사라졌다.

왜냐하면 그 순간 세탁물이 단번에 줄었기 때문이다.

세탁기가 없으면 손빨래를 하는 수밖에 없고, 그러면 빨랫감을 모았다가 한꺼번에 세탁하는 일은 절대 불가능하기 때문이다. 아니, 하고 싶지 않다. 그래서 결국 매일 아침 전날 입은 속옷과 수건을 재빨리 빨아 말리는 생활이 시작되었다.

이 같은 빨래가 매일 아침의 루틴이 되니 쓸데없이 큰 빨랫감을 세탁하는 일은 되도록 피하고 싶어졌다.

예컨대 도톰하고 커다란 목욕수건을 손빨래할 생각을

하면 그깟 수건 안 써도 된다는 생각이 들게 된다. 그래서 목욕수건을 전부 처분했다. 생각해보니 작은 수건 한 장만 있으면 충분히 몸을 닦을 수 있다. 그래서 물건을 소유하는 기준이 멋지거나 예쁜 게 아니라 '잘 닦이고 쉽게 짤 수 있는 것'이 최우선이 되었고 순식간에 물욕이란 게 사그라들었다. 여러 물건을 일주일 분량만큼 갖추고 있을 필요도 없어졌다. 속옷도 매일 세탁하면 비가 내리는 날 등을 고려해도 세 세트 정도로 충분하다.

이리하여 물건도 줄고 탐욕도 줄고 빨랫감도 줄고 빨래하는 시간도 줄고… 그러니 결국 빨래라는 행위 자체에 소모되는 시간과 노력이 순식간에 줄었다.

그건 놀랄 만큼 간결하고 쾌적하며 청결한 생활이었다.

그렇다. 청결하게 살려면 많은 물건을 효율적으로 한꺼번에 세탁하는 게 아니라 '그날의 더러움을 그날 씻어내야 하는 것'이다. 그 행위 자체가 새로운 하루를 산뜻한 마음으로 시작하는 신호다. 인생을 밝고 적극적으로 살아가는 엔진이다.

바로 그것이 '빨래'라는 행위가 가진 의미였다!

그것은 조금만 궁리하면 세탁기라는 커다란 기계 대신 대야 하나로 간단히 실현시킬 수 있는 일이었다.

편리가 '나'를 보지 못하게 한다

편리한 것은 분명 큰 가능성을 내포하고 있다. 그러나 그 가능성이 클수록 사실 자신이 필요로 하지 않는 가능성까지 제공받는다. 그러나 그 가능성이 있는 한 어느 사이엔가 왜인지 '자신'을 제쳐두고 가능성을 채우는 쪽을 우선시한다.

그래서 '세탁기를 사용할수록' 청결한 생활에서 멀어지는 나 같은 사람이 등장한다.

세탁기만 그런 게 아니다.

냉장고와 전자레인지를 없애고 보니 냉동 보관도, 미리 음식을 조리해 두는 것도 할 수 없어 매일 초간단 요리를 할 수밖에 없었던 것인데 실제로 해보니 그것으로 충분히 만족하는 내가 있었다. 하지만 냉장고나 전자레인지가 있으면 그것을 이용해 맛있는 요리를 공들여 하게 되는 게 당연해진다. 그래서 어느 사이엔가 맛있는 요리를 못하는 자신에 패배감과 죄의식을 가지게 된다.

결국엔 편리한 것이 '자신'을 보지 못하게 만든다. 나는 의외로 사소한 것으로 만족할 수 있는데, 거창하고 대대적으로 하지 않으면 만족하지 못하는, 행복을 얻지 못할 것 같은 착각을 매일같이 만들어내는 무시무시한 측면이 있다.

정말로 집안일은 귀찮은 것일까?

그리고 또 한 가지.

편리한 것이 무서운 이유는 집안일을 '귀찮고 재미없는 것'으로 만들어버린다는 점이다.

사람들이 그렇게 생각하게끔 만들지 않으면 물건이 팔리지 않는다. 따라서 "빨래, 귀찮죠. 괜찮습니다. 안심하세요! 세탁기에 맡기세요" "청소, 정말 성가시죠. 이제 안심하세요! 청소기에 맡겨주세요"라고 대대적으로 선전한다. 특별히 그 자체는 나쁜 일도 아니다. 세계 경제는 이렇게 돌아가고 있다.

하지만 그 선전 문구가 '진실'인가 하면 그것은 또 별개 문제다.

진짜로 집안일은 성가시고 귀찮은 것일까?

귀찮다고 생각했던 집안일도 실제로 직접 해보니 의외로 즐거웠다. 놀랍도록!

예컨대 청소. 나는 청소기를 없애고 나서 청소가 매우 좋아졌다. 눈곱만큼의 거짓 없이 진짜다. 그 증거로 내 방은 청소기를 없애고 나서 압도적으로 깨끗해졌다. 손으로 청소하다 보면 먼지가 눈에 보이는 게 참으로 흥미롭다.

까매진 걸레!

빗자루로 쓸어 모은 많은 먼지!

그것을 눈으로 보면서 '해냈다!'는 만족감을 느낀다.

놀이시간을 만드는 것, 자신으로 있을 것

결국 청소 그 자체가 이미 놀이에 가깝다. 그렇구나, 사람은 원래 제 몸이나 손을 사용하여 '해냈다!'는 실감을 얻는 데서 기쁨을 얻도록 설계되어 있는 게 아닐까? 어쩌면 나는 내내 '편리한 기계'에 인생의 기쁨과 즐거움을 빼앗겨온 것일지 모른다.

이런 이유로 편리를 그만두었더니 생활이 단순해지면서 집안일이 편해지고 즐거워졌음을 깨달았다.

몇 년 전 세상을 떠난 『아주아주 배고픈 애벌레』로 널리 알려진 작가 에릭 칼이 독자 아이들에게 보낸 메시지가 신문에 실린 적이 있다.

"잊지 말았으면 하는 것은 즐길 것, 노는 시간을 만들 것, 그리고 자기 자신으로 있을 것!"

아니, 이것은 편리를 포기한 나의 곁에 넝쿨째 굴러들어 온, 지금의 나의 살림천국 그 자체가 아닐는지.

그래, 사람이란 아무것도 없어도 본디 충실히 삶을 살 수 있는 존재다. 그리고 그것은 물건으로 가득한 현대에서 필요 이상의 것들을 포기할 때 비로소 보인다.

'세탁하지 않는다'는 궁극의 선택

이번 장에서 이야기했듯이 나는 전날 나온 빨랫감을 매일 아침 예쁜 꽃무늬 법랑 대야에서 조물조물 빨아 너는 것으로 끝낸다. 정말 간단하다. 너무 순식간에 끝나버려 그 오랜 세월 익숙해진 '세탁기 시절'이 지금은 전혀 떠오르지 않는다. 그 때문에 나는 상식이라는 것에 대해 강한 의심을 품게 되었다.

예컨대 앞서 소개한 '목욕수건 같은 것이 없어도 아무렇지 않다'는 사실을 깨달았는데, 그건 일종의 혁명이었다. 지금 애용하는 수건은 근처 목욕탕에서 산 얇은 것이다. 이것이 가장 짜기 쉽고 건조도 빠르다. 부엌에서 지금 쓰고 있는 행주도 예부터 쓰던 면 행주다. 이 수건은 놀라우리만치 빨리 말라서 한 시간이면 뽀송뽀송해진다. 역시

습도가 높은 일본에서 오랜 세월 사랑받아온 도구다! 옛날부터 사용해온 도구는 가장 합리적이다.

그런 사정에서 나의 쇼핑 기준이 멋이나 고급, 귀여움에서 빨기 쉽고 짜기 쉬우며 말리기 쉬운 것으로 바뀌었다. 이 얇은 수건과 속옷, 마스크와 면 행주를 매일 빨아 쓰는 나날이다. 이렇게 말하면 왠지 칙칙한 생활을 상상할지 모르지만 의외로 그렇지 않다. 실제 해보면 알 텐데, 물건이란 그것이 어떤 것이든 간에 소유자가 매일 부지런히 사용한 뒤 그날 중으로 깨끗이 빨면 설령 그게 촌스러운 그림이 그려진 수건이라도 뭐라 말할 수 없는 세련된 빛을 발한다. 그런 관점에서 보면 세상 사람들이 생각하는 '멋' 같은 건 아무래도 좋다. 생각이 여기에 이르면 이젠 인생에서 무서울 게 없다.

이런 이유로 오늘도 기분 좋게 아침 10분 빨래를 조물조물했는데 최근에 이 초간단 빨래 생활이 다음 단계로 옮겨가고 있다.

빨랫감을 줄이는 것은 물론 세제를 줄이자는 작전을 과감하게 실행 중이다.

조사해보니 옷에 생기는 얼룩의 주요 원인은 세제 찌꺼기가 남아서 생기는 것이라고 한다. 그래서 처음에는 열심히 헹궜는데 잘 생각해보니 원래 세제의 양을 줄이면 되는 문제였다.

100년 전까지 세탁세제 같은 건 이 세상에 존재하지도 않았다. 옛 우리 선조들은 강가에서 빨래했는데, 지금 우리는 대량의 세제를 듬뿍 부어 세탁하고 '개운하다'라고 말한다. 그건 세제라는 화학물질을 자연계에 자꾸 흘려보내는 행위이기도 하다.

그래서 좀 더 조사해보니 땀을 없애는 데는 물빨래가 최고로 좋다지 않은가! 그래서 지금은 얼룩이 생긴 곳만 비누칠하고 빤다. 더럽지 않으면 물로만 빤다. 시간도 수고도 물도 대폭 절약할 수 있다. 물론 환경에도 좋다. 그저 살면서 사회에 도움이 되는 느낌이랄까. '득'이란 이런 게 아닐까!

이렇게 생각에 생각이 꼬리를 물고 이어지니 영악한 지혜가 작용한다. 그래서 다다른 생각이 애당초 '빨지 않는' 방법도 있지 않을까 하는 거다.

이것도 손빨래를 하다가 알게 된 것인데, 옷은 세탁할 때마다 조금씩 색이 바랜다. 세탁한다는 건 의류에는 그 나름의 부담이다. 빠는 게 마냥 좋은 것만은 아니다. 여기에는 균형이 중요하다.

현재 애용하고 있는 옷은 친구가 소개해준 '빨지 않아도 되는 내의'다. 얇은 울 소재의 긴 소매 셔츠로, 울 그 자체에 오염 배출 효과가 있어서 세제는커녕 세탁도 필요하지 않다고 한다. 처음에는 의심스러웠지만 '2개월 동안 매일 신고 한 번도 빨지 않았다'는 친구의 부츠 냄새를 맡아보았는데 냄새가 전혀 나지 않아서 그 자리에 구입했다. 결국 겨우내 입으며 단 한 번도 세탁하지 않았다. 그래서 지금은 내의는 이것 한 장만 있으면 만사 오케이, 최고다.

이런 것을 매일매일 추구하고 있어 점점 홀가분해지고 있다. 물만 있으면 언제든 어디서든 말쑥하고 활기차게 살아갈 수 있으니 여행할 때 짐도 극적으로 줄었다. 내의는 목욕하면서 빨아 말리면 되기에 갈아입은 옷을 따로 챙기지 않아도 문제 될 게 없다.

그래서 지금은 어디에 가든 평소 들고 다니는 가방에 들어갈 만큼의 짐으로 충분하다. 지구 어디든 홀가분하게 떠날 수 있다. 마치 바람처럼 세계가 나의 집이다. 그런 극적이고 자유로운 감각을 나의 살림천국이 가져다주었다.

가능성이라는 위험물

집안일 부담을 줄이기 위한 3원칙으로 먼저 '편리함을 버려라'라고 제안하고 싶다.

세상의 상식과는 거꾸로 된 제안이다. 그러나 이 정도로 놀라기는 아직 이르다. 이 세상 대부분의 사람이 고민하는 집안일을 인생에서 사라지게 하는 일은 일종의 '혁명'이지만 문제는 그 뿌리가 깊다는 데 있다.

그 문제는 누구나 의심할 여지 없이 받아들인 상식 속에 존재한다. 혁명이란 상식을 뒤집는 것이다. 여기서 우물쭈물해서는 안 된다. 아니, 그렇다고 걱정할 것도 없다. 상식 같은 것은 과감하게 뛰어넘으면 된다. 맥 빠질 정도로 대단찮은 것이다. 좀 더 가볍고 자유롭게 살아가도 되지 않을까?

그 기세를 몰아 더욱 대담한 제안을 해보자.

● 인생의 가능성을 넓히지 않는다

기세를 몰아 이야기했지만, 여기서 독자의 말문이 막혔을지 모른다.

만일 현대인이 좋아하는 단어 순위가 있다면 앞서 말한 '편리'가 5위고, 1위는 단연코 모두가 사랑하는 '가능성'이 아닐까.

'가능성'이란 만인에게 열린 꿈이다.

노인도 청년도, 가진 자도 가지지 못한 자도, 이것도 하고 싶고 저것도 하고 싶다고 꿈꾸는 건 자유다. 언젠가는 원하는 것을 손에 넣을지도 모른다는 '가능성'이 많은 이들에게 생각지 못한 인생을 살도록 응원하고 우리 사회의 '발전'을 이루는 에너지원이 되기도 한다. 충분히 알고 있기에 오히려 이렇게 말하고 싶다.

'가능성'은 위험하다.

그 취급에 있어서는 충분히 주의해야 한다. 달콤한 향기에 현혹되어 달콤한 꿈을 좇다 보면 어느덧 인생을 통째로 빼앗겨 인생의 엄청난 시간을 끝없는 고통(=쓸데없이 힘들기만 한 집안일)에 빠져 보내야 할지도 모른다.

구체적으로 말해보자.

이것도 태어난 이래 쉼 없이 가능성을 추구해온 나의 이야기다.

반짝거리는 꿈을 좇던 나

고도성장 시대에 성장한 나는 지금 생각해보면 남보다 '가능성'에 사로잡혀 있었다. 여하튼 나는 유소년기부터 세상에는 꼬리에 꼬리를 물고 새롭고 놀랍고 편리한 것들이 등장하여 칙칙했던 생활이 끊임없이 형형색색으로 세련되게 변해가는 모습을 보면서 자랐다. 어제보다 오늘, 오늘보다 내일, 더 부유해지기 위해 눈앞의 반짝이는 '가능성'을 향해 노력하며 사는 게 인생이라 믿고 반세기를 살아왔다.

먹는 음식도 다르지 않다.

초등학생 시절에는 일본에 상륙한 맥도날드의 그 진한 맛에 놀랐다. 청년 시절에는 프랑스나 이탈리아 요리에 빠졌었고 사회인이 되어 금전적으로 여유가 생긴 뒤에는 초밥이나 오마카세를 먹는 사치를 누렸다. 이처럼 혀가 미식에 빠지면서 집에서 먹는 요리도 차츰 '진화'했다. 끊임없이 출간되는 빛나는 요리책을 참고로 이제껏 본 적도 없는 세계 요리나 일류 요리사의 비법에 따라 요리를 부지런히 만들었다.

나는 가능성을 먹고 살아왔다고 해도 과언이 아니다.

최고로 맛있다고 생각한 순간부터, 분명 또 다른 최고의 맛이 있을 거라 꿈꿨다. 그리고 세상에는 끝없이 맛있는 음식들이 차례로 나타났다. 식도락 관련 정보를 빠짐없이 수집하고 매일을 즐겁게 살아왔다.

그런데 말이다.

그런 화려한 나날은 어느 날 갑작스럽게 안녕을 고했다.

그 원자력발전소 사고를 계기로 시작된 '초절전 생활'이 날이 갈수록 강화되어 부엌 가전제품까지 하나둘 차례로 없앴기 때문이다. 전자레인지, 다지기, 그리고 그 절정이 냉장고였다. 나 조차도 설마 거기까지 할 생각은 없었는데 전반적인 사정이 겹치면서 상황이 그렇게 전개되었다(그 '전반적인 사정'에 관심이 있는 사람은 나의 전작 『그리고 생활은 계속된다』를 참고하길 바란다).

물론 영향은 막대했다. 냉장고가 없다면 그날 먹을 음식은 그날 만들어야 한다. 그러면 공들여 맛을 낸 요리를 할 수 없어 결국 '밥과 국'이 당당히 메인 식사로 자리 잡게 된다. 이렇게 주목받지 않던 소박한 음식을 먹어야 하는 인생이 시작되었다.

안녕, 요리

내가 선택한 것이라지만 맨 처음 내가 만든 그것을 봤을 때는 교도소에서 나올 법한 식사에 쓴웃음이 지어졌다. 하지만 그것은 먼 과거의 일이다.

지금은 요리를 시작하자마자 순식간에 뚝딱 완성한다. 교도소에서나 나올 법한 조촐한 한 가지 패턴의 식사가 '진심으로 맛있는' 경지에 이르렀다.

게다가 이 한 가지 패턴 식생활을 시작한 이래 최근 10년 가까이 이 마음은 조금도 변치 않았다. 결국 전혀 질리지 않는다. 오히려 이것이 가장 맛있다.

이 이외의 음식은 가능하면 먹고 싶지 않다. 그리고 죽을 때까지 이런 식사를 할 것이 분명하다.

어허, 대체 무슨 일일까? 그 의미를 생각해보니, 내가 '요리'라는, 적어도 집안일 중에서 가장 많은 시간과 에너지를 필요로 하는 '요리 무간지옥'에서 영원히 해방되었음을 알았다.

굳이 요리다운 요리라고 하면 된장국을 끓이는 것으로, 냄비에 물을 끓여 남은 재료를 적당히 넣어 끓이다가 된장을 풀기만 하면 끝. 고작 5분. 그뿐만이 아니다. 요리하는 사람에게는 '오늘은 뭘 먹지?' 하고 고민하는 시간과 에너지를 완전히 무시할 수 없는데, 나는 전혀 그런 생각을 하지 않아도 된다.

왜냐하면 이미 무엇을 만들지는 평생토록 정해져 있기 때문이다.

요리에 과도하게 에너지를 쏟는 어리석음

이제까지 나는 내가 요리를 좋아한다고 생각했다. 요리가 즐거움이자 취미라고 여겼다. 그러나 이렇게 지내고 보니 비록 즐거움이라고 해도 정상 궤도에서 너무나도 벗어난 시간과 에너지를 거기에 쏟아붓고 있었다는 걸 깨달았다.

게다가 생각해보면 그 정도의 막대한 에너지를 요리에 몰입하면서도 나는 늘 새롭고 맛있는 레시피를 찾아 헤맸다. 그만큼의 노력에도 끊임없이 '좀 더 맛있는 게 있을 것'이라며 욕망은 밑 빠진 독처럼 채워지지 않았다.

그러나 지금은 아니다. 나는 이 간소한 식탁에 늘 만족하고 있다. 여기가 최후의 종착지다. 어떤 '맛있는 정보'에도 내 마음은 조금도 반응하지 않는다. 이 평안함, 즐거움, 여유!

이 모든 걸 정리하면 지금의 나는 귀찮은 취미에서 완전히 벗어나 그 결과로써 방대한 시간과 에너지와 평온을 손에 넣었다. 게다가 매일 가장 맛있는 것을 먹게 되었다. 하물며 매일 같은 것을 먹으면 '과식'할 일이 없어 다이어트도 되고 결과적으로 이 식사는 소위 균형 잡힌 건강식이 된다. 따라서 미용이나 다이어트 정보에도 전혀 관심이 없다. 여기서도 상당한 시간과 에너지, 평온함이 생긴다.

진수성찬을 포기했더니 모든 게 내 손에

이런 의미에서 '기적'이 아닐까?

현재 나는 시간과 에너지, 건강과 맛있는 식사라는 모든 걸 손에 넣었다. 누구보다 내가 가장 놀랐다.

그래서 다시 한번 대체 왜 이런 일이 일어났는지 복습해보자면, 그 발단은 냉장고를 없앤 데 있다. 냉장고를 포기함으로써 나는 '진수성찬'이라는 가능성을 포기할 수밖에 없었다. 거기서 이 기적의 모든 것이 시작되었다.

그래 '가능성'!

세상의 대다수 사람이 당연한 듯 추구하는 '가능성'. 그것을 포기한 순간 모든 게 내 손에 들어왔다는 놀라운 사실.

이것을 어떻게 생각하면 좋을까?

가능성을 추구하는 것 자체에 문제가 있는 것이 아닐까. 그러나 내가 당연하게 추구해온 가능성은 너무나도 작은 세계에 편중되어 있었다.

당시 내가 꿈꾸던 것은 매일 어제와는 다른 맛있는 음식을 먹고 넓은 집에서 살며 산더미 같은 옷을 매일 갈아입는, 마치 공주 같은 생활을 하고 싶다는 '가능성'이었다. 그러나 냉정히 되돌아보면 사실 그것은 내가 정말로 원했던 게 아니라 끝없이 물건을 팔기 위해 누군가 의도적으로 만든 이야기에 지나지 않았던 거 같다.

우리는 '욕심 많은 공주'의 하수인?

물론 어떤 이야기를 따라가는지는 개인의 자유다. 공주님이 되고 싶다면 그것도 좋다. 그러나 우리는 언제든 자신으로 돌아와 생각해야 한다.

공주는 스스로 집안일을 할까? 물론 하지 않는다. 공주의 생활은 여러 명의 하인이 있기에 비로소 성립된다.

당신의 경우는 어떨까? 당신이 목표로 하는 공주의 삶을 실천하기 위해 많은 하인을 고용할 수 있을까? 공주의 생활을 실현하기 위해 돈을 쓰는 것이 기껏 할 수 있는 일이지만, 하인을 고용할 돈이 남아 있지 않은 것이 현실이다. 그렇다면 누가 하인이 되는가 하면 그것은 '당신 자신'이다.

그것이 우리의 집안일이 어떻게 해도 편해지지 않는 가장 큰 이유가 아닐까? 즉, 우리는 인생의 가능성을 긍정적으로 추구하는데 어느 사이엔가 자신의 욕망을 이루기 위한 하수인이 되어버렸다. 그리고 우리의 욕심 많은 공주님은 시간과 에너지를 점차 빨아들인다. 앞에서 '가능성은 위험하다'고 말한 이유다.

그러니 우리가 공주와 하수인이라는 1인 2역을 맡으면서까지 공주 같은 삶을 살고자 하는지 곰곰이 생각해봐야 한다. 내가 이렇게 말하면 꿈도 꾸지 말라고 강요한다고 생각할지 모른다. 그러나 사실은 그렇지 않다.

'공주의 식탁'을 포기한 나는 결코 패배하지 않았다.

처음에는 패배했다고만 생각했지만 그렇지 않았다. 이

후 생각지도 못한 다른 세계가 펼쳐졌다. 이제껏 빛나 보이지 않던 수수하고 평범한 음식을 매일 '맛있게' 먹고 있는 내가 있었다. 결국 지금 여기에 있는 평범한 것이 얼마나 멋지고 훌륭한지 깨달은 것이다.

물론 그 멋지고 훌륭한 것은 지금껏 늘 거기에 있었다. 그런데 나는 늘 지금 여기에 없는 것을 좇았다. '가능성'을 추구하는 데 너무 바빠 발아래를 살필 여유 같은 건 눈곱만큼도 없었다.

'여기에는 없는' 것만을 보며 살아온 나, 결국은 아무것도 보지 않은 나.

그런 사람이 어떻게 행복을 찾을 수 있을까?

가능성을 버린다는 건 지금 여기에 있는 것의 멋짐과 훌륭함을 깨닫는 것이기도 하다. 그 사실을 깨달을 수만 있다면 스스로 제 욕망의 노예가 될 필요는 없다. 결국 방대한 시간과 노력을 들여 집안일에 온 힘을 쏟을 필요 같은 건 없는 것이다.

1국 1반찬은 무리라는 분에게 드리는 조언

1국 1반찬 생활을 보내게 된 초창기, 나는 눈뜨고 있는 동안 온종일 끊임없이 '오늘은 뭘 먹을지'를 생각한다는 사실을 깨달았다.

그런데 그것을 그만두니 돌연 머릿속이 개운해졌다. 무엇을 생각해도 좋은 '여유'가 생겼다. 지금까지는 그렇지 않았다. 머릿속에는 늘 무언가가 꽉 차 있었다. 그리고 그 '무엇'의 정체는 대부분 '밥에 관련된 기타 등등'이었다. 아침을 먹고는 점심으로 무얼 먹을까? 점심을 먹고는 '저녁으로 무얼 먹을까?' 저녁을 먹고는 내일은… 진짜로 이것만 생각했다.

1국 1반찬 생활이 되고 난 후 무엇이 놀라운가 하면 시간이 늘었다는 것이다. 조리 시간이 줄어든 건 물론이고 무엇보다 오늘의 식단을 생각하지 않아도 되기에 그만큼 뜻하지 않게 자유시간이 늘어났다. 그 남아도는 시간을 사용하여 피아노나 서예, 내친김에 하고 싶던 일에 차례로 도전하고 있다는 이야기는 앞에서도 했다.

그래서 소리 높여 모든 사람에게 1국 1반찬 생활을 권하고 싶다. 하지만 현실에서는 그것도 생각처럼 되지 않는다는 걸 잘 알고 있다.

혼자 살면 몰라도 가족이 있다면 1국 1반찬 생활에 '먹는 사람'이 문제 제기를 할 확률이 높다. 애초에 '만드는 사람'과 '먹는 사람'이 정해져 있다는 사실 또한 이상하다. 불평할 거면 직접 만들라고 소리 높여 말하고 싶다. 하지만 그 말을 곧이곧대로 들을 정도라면 애당초 그런 고충은 나오지 않을 것이고, 처음부터 이상을 철저히 추구하려고 해도 수월히 진행되지 않을 것이다.

비록 혼자 산다고 해도 갑자기 1국 1반찬이 되면 기존 식탁과의 격차가 너무 커서 이렇게까지 해야 하는지 주저하는 사람도 적지 않을 것이다.

그런 이유로 여기서는 1국 1반찬까지는 아니더라도 요리책의 도움 없이 후다닥 식단을 짜고 30분으로 여유롭게 그럴 듯한 식탁을 완성하는 방법을 전하고 싶다.

덧붙여 내가 이 방법을 생각하게 된 것은 나이 드신 어머니가 식사 준비하는 데 어려움을 겪어, 일주일에 한 번 본가에 가서 저녁을 만들게 된 것이 계기가 되었다. 당시 나는 요리책을 보지 않고는 음식을 만들지 못했기에, 열심히 식단을 결정하고 재료를 사고 나서 본가를 방문했는데, 본가 냉장고에 여전히 남은 식재료가 수북이 쌓여 있고 그 대부분이 썩어가는 중이라는 것을 발견했다.

여기에 내가 오늘 사 온 재료 중 남은 게 다시 냉장고로 들어가면 나이 든 어머니의 생활은 더욱 혼란스러워지기만 할 뿐이다. 그래, 내가 해야 할 일은 방치하면 버려질 냉장고 속 재료를 남기지 않고 사용하는 게 아닐까?

그런 이유로 나는 난생처음으로 '있는 것'을 사용하여 즉석에서 식단을 생각하는 것에 도전하게 되었다. 게다가 본가에 머무르는 시간은 한정되어 있어서 가능한 한 단시간에 조리할 수 있는 식단이 바람직했다.

여러 시행착오 끝에 내가 생각해낸 방법은 무엇을 만들지가 아니라 우선은 조리법별로 세 종류씩 만들어보자는 것이었다. 세 종류는 다음과 같다.

① 불로 조리하지 않는 반찬(샐러드, 절임류 등)

② 살짝 불로 조리하는 반찬(볶음류, 구이류 등)

③ 뭉근하게 불로 조리하는 반찬(찜류, 국류 등)

직접 해보면 아는데 이렇게 조리하기만 해도 식단을 생각하는 게 놀랍도록 편해진다.

요컨대 초가을에 슈퍼마켓에 장 보러 가면 꽁치가 저렴한 가격으로 진열되어 있다. '그래 오늘은 꽁치요리를 하자!'라는 생각이 들었다면 다음 단계가 결정된다.

② 살짝 불로 조리하는 반찬 : 꽁치구이

여기서 이미 식단이 결정된 것과 진배없다. 이후에는 냉장고의 남은 채소(틀림없이 무언가 있다)를 사용하여 정해본다.

① 불로 조리하지 않는 반찬 : 양상추와 오이 토마토 샐러드

그리고 여기에 감자와 당근이라도 굴러다닌다면!

③ 뭉근하게 불로 조리하는 반찬 : 감자와 당근 간장조림(고기를 넣으면 고기 감자, 고등어 통조림을 넣으면 고등어 감자조림)

이렇게 뚝딱 멋진 밥상이 차려진다. 직접 해보면 알겠지만 이렇듯 불을 조리하는 방법에 변화를 주기만 해도 균형 잡힌 식단이 완성된다. 대충 만든 어떤 요리와도 혹은 한식, 양식, 중식 중 어떤 요리와 조합하더라도 조화를 이룬다.

따라서 이 세 가지 패턴만 지키면 나머지는 마음대로 해도 좋다.

예를 들면 ①은 슈퍼마켓에서 사 온 절임류 반찬을 잘라서 접시에 담아내는 것만으로 충분하다. 물론 냉장고 속 남은 채소나 어묵을 적당히 잘라 마요네즈로 버무리기만 해도 된다. 채소 겉절이를 해도 좋다.

②는 냉장고에 어중간하게 남아 있는 고기나 채소를 볶거나 반찬가게에서 사 온 전을 접시에 담거나 혹은 냉동 만두를 굽는 것이다.

③은 끓이는 것으로, 가장 어려워 보이지만 실상을 알고 보면 쉽다. 요컨대 남은 채소나 고기를 냄비에 넣고 물

을 더해 바글바글 끓인 국이다. 대표적인 것은 잘 알고 있는 된장국. 이것을 뭉근하게 끓여 물을 졸이면 소위 조림이 된다. 맛을 가미한 간장이나 된장, 소스 등 요컨대 적당히 짠맛을 가미하면 끝! 간을 보고 싱거우면 소금을 추가하고 짜면 물을 추가한다.

또한 이 방법이라면 조리 방법이 각기 달라서 요리 준비가 매우 편해진다는 것도 매우 장점이다.

구체적인 순서는 이렇다.

우선 ③의 국부터 시작한다. 재료를 잘라 냄비에 집어넣고 물과 조미료를 넣어 뚜껑을 덮고 불을 켜고 보글보글 끓인다. 이대로 두면 여하튼 일품요리가 완성된다고 생각하면 마음도 가볍다.

그 이후 ②를 만들고 틈틈이 채소를 잘라 ①을 만든다.

앞의 식단을 예로 들자면 꽁치에 소금을 뿌리고 그걸 굽는 동안에 냉장고에서 양상추 등을 꺼내서 적당하게 잘라 커다란 접시에 담는다. 그리고 그것이 끝나면 그릴에 굽고 있는 꽁치를 뒤집고 좀 전의 양상추 등에 오일과 좋아하는 조미료(간장, 폰즈소스 등)를 적당히 뿌려 섞으면 샐러드가 완성된다. 이후는 잘 구워진 꽁치와 처음에 불로 뭉근하게 조리해둔 국을 그릇에 담아내면 짜잔, 완성!

어떤가? 이 방법이라면 '오늘은 뭘 먹지?'라고 머리 아프게 고민하지 않고 남은 식재료를 잘 활용해서 단시간에 밥상을 차려낼 수 있다.

나는 이 방법을 생각해낸 다음부터 태어나서 처음으로 그런 게 가능한 사람이 되었다. '냉장고에 있는 것을 사용하여 단시간에 차려내는 밥상'이란 '요리를 잘하는 사람이나 할 수 있는 밥상'이라는 세간의 인식이 있어 오랫동안 나도 그런 사람이 되고 싶었다. 냉장고에 있는 재료를 보고 일품요리(샐러드 등)를 어떻게든 떠올리기는 했지만 식단을 어떻게 정해야 할지 좀처럼 생각할 수 없었다.

그래도 이 ① ② ③ 원칙을 사용하면서부터는 머릿속이 말끔히 정리되어 '식단을 떠올릴' 수 있었다. 그리고 전혀 고생하지 않고 간단히 요리해도 균형을 잘 맞추면 만족스럽게 먹을 수 있다는 것을 알게 되니 요리에 대한 압박감이 훨씬 덜어졌다. 그 연장선상에 현재의 1국 1반찬 생활이 있다. 그래서 나는 이 방법을 '오늘은 뭘 먹지?'라는 끝없는 고민에서 벗어나는 첫걸음으로 많은 사람에게 권한다.

가사 분담이 바로 모든 악의 근원

가사를 편히 하기 위한 필수 요건으로 '편리함을 버려라' '가능성을 추구하지 않는다' 등 현대 사회의 상식에 정면으로 반기를 든 도전적인 제안을 해왔는데, 드디어 그 마무리라고 할 수 있는 최후의 원칙을 발표하겠다.

● 가사 분담을 그만두자

'뭐?'라고 놀랐을 게 틀림없다.

본디 분담이란 집안일을 편하게 하기 위한 상식이다. 기본 중의 기본이다.

예를 들면 빨래할 때 3인 가족이라면 그중 누군가가 3인분의 세탁을 하는 게 당연시된다. 문제가 된다면 '누가'라는 부분으로 '누군가'가 하는 것 자체에 의문을 가지지는 않는다. 그도 그럴 것이 일을 효율적으로 하자면 나눠서 하는 것보다 '한꺼번에' 하는 게 바람직하다. 누군가가 모든 사람의 빨래를 모아 한꺼번에 세탁기에 넣고 돌리는 것이 아무리 생각해도 합리적이다.

그래서 나는 그 부분에서 어떤 지적을 하려고 한다.

각자 손빨래하는 것이 합리적?

아버지도 어머니도 자녀도 자신의 빨래는 각자 조물조물 빨자고 말하는 거다. 게다가 '편리함은 버려라'라는 원칙에 따라 세탁기가 아니라 손으로 빨라고 주장하고 싶다. 확실히 해두고 싶은 것은 이것이 수행이나 고행의 의미가 아니라는 것이다. 그게 압도적으로 집안일을 편하게 만들기에 그렇게 하자는 친절한 제안이다. 매우 합리적인 선택지로써 이것을 강하게 추천하고 싶다.

물론 여기에 '왜?'라는 의문을 가질 것이기에 이하 순서에 따라 설명해보자.

좀 더 편리한 상품이 끊임없이 팔리는 세상이지만 집안일을 하는 부담이 조금도 줄지 않은 것은 결국 폭주하는 우리의 욕망에 근원이 있다는 것을 지금껏 여러 차례 설명했다.

왜냐하면 끝없이 탐욕스러운 공주의 시중을 드는(집안일을 한다) 것은 웬만한 부자가 아닌 한 자신이다. 따라서 이

악마의 계략에서 벗어나기 위해서는 먼저 자신의 욕망을 제어하여 생활 규모를 줄이는 것이 가장 간단하고 확실한 방법이다.

그런데 이 간단한 해결 방법을 용납하지 않는 존재가 있다.

그것은 '가족'이라는 상대다.

나는 괜찮지만 가족이…

그 사실을 알아차린 것은 지금의 내 생활 모습에 대해 사람들에게 강연했을 때다.

내 입으로 말하기는 좀 쑥스럽지만 내 강연은 꽤나 인기가 있는 편이다. 과거로 돌아간 듯한 생활에 다른 사람들이 거부 반응을 일으키지나 않을까 걱정했는데, 전혀 그렇지 않았다. 오히려 흥미진진하게 미소를 머금고 귀 기울여 들어주었다. 그뿐 아니라, 강연 뒤에는 "그런 생활, 동경한다!"라고 말하는 분들에 둘러싸이는 일도 적지 않다. 그래서 당연히 우쭐한 기분이 되어 있으면 반드시 이런 말이 이어진다.

"그래도 실제로는 불가능해요."

여기서 김이 빠진다. 그건 왜죠? 냉장고를 없애는 것도 그렇고 끼니마다 1국 1반찬이면 소박한 식사라서 역시 진입장벽이 높은가요? 다소 실망해 있으면 "나는 좋은데 아무래도 가족이…"라며 말을 잇지 못하는 분들이 생긴다.

오호, 그렇게 나온다고요? 그렇게 가족을 핑계로 대면 물러설 수밖에.

지금까지 나는 홀로 살아온 탓에 한 집안의 주부로 지내본 적이 한 번도 없다. 듣고 보니 세탁기 같은 게 없어도 매일 대야에 담가 손빨래로 조물조물 10분 만에 빨래를 끝낼 수 있는 것은 혼자 살기 때문에 가능한 것으로, 남편의 내의나 셔츠, 아이의 동아리 유니폼 등을 빨아야 한다면 대야 하나로는 도저히 감당할 수 없다. 요리도 혼자라 1국 1반찬으로 충분하지만 가족의 불만을 무시하고 강요했다가는 최악의 경우 가족이 뿔뿔이 흩어지는 위기에 봉착할지도 모른다. 나로서도 거기까지 책임질 수는 없다.

왜 어머니가 가족의 빨래를 하는가?

그런 측면에서 가족이 있는 사람들을 배려하지 못한 무책임한 제안이라는 점에서는 반성한다. 그래서 최근에는 강연 중에 '독신이라 가능한 생활!'이라는 한마디를 반드시 덧붙이고 있다.

그럼에도 매번 똑같은 이야기를 듣는다.

그래서 조금 진지하게 이에 대해 생각해봤다. 정말로 '가족이 있어서 무리'인 것일까?

애초에 왜 엄마가 당연하다는 듯 가족 모두의 빨래를 해야 하는가. 모두 자신의 것을 스스로 빨면 되지 않을까. 빨래라는 것은 대단한 기술이 필요하지도 않아 어른도 아이도 얼마든지 할 수 있다. 여하튼 태어난 이래 이제까지 100퍼센트 세탁기에 의존했던 나도 쉰에 배워 지금 매일 대야 하나로 문제없이 빨래하고 있다.

분담이라는 이름의 떠맡김

내 일은 스스로 한다는 게 사실은 자신의 심신 건강을 위해서 매우 중요하다.

주부 혼자서 온 집 안을 청소하기 때문에 힘들고 화가 나기도 한다. 아버지도 아이도 자신이 어질러 놓은 것은 스스로 치우고 자신이 더럽힌 것은 스스로 쓸거나 닦거나 하면 사실 전혀 힘든 일도 아니고 각자의 정신 건강에도 좋다.

그런데 왜 그렇게 하지 않는 걸까. 가족이 함께 산다고 하여 어째서 집안일을 '분담'하여 누군가가 가족 모두의 빨래를 한꺼번에 해야 하는가.

'효율적'이기 때문에?

사실은 여기에 함정이 있다. 분담이라고 하면 듣기에는 좋지만 각종 조사를 보면 현실 속에는 어머니가 대부분을 집안일을 끌어안는다. 그러하기에 어머니 이외의 가족은 결국 자신의 뒤치다꺼리를 타인에게 떠넘기고 있는 형편이다.

어머니 이외의 가족은 모두 멋대로인 왕이나 공주, 왕자로, 하고 싶은 대로 하려는 욕망을 펼친다. 끊임없이 욕망이 흘러넘치고 결코 멈출 줄 모른다. 앞서 이야기한 대로 이것이 '스스로 집안일을 하는' 사람, 즉 자신이 공주와 하수인이라는 1인 2역을 맡은 사람이라면 그 욕망의 무서움도 실감할 수 있다. 하지만 자신의 뒤치다꺼리를 타인에게 떠맡긴 자는 바닥에 커다란 구멍이 뚫린 양동이와 같다. '오늘 무엇을 먹을까?' '뭐 오늘도 찌개? 요즘 너무 대충하는 거 아니야?' 등등을 말하는 당신은 대체 누구인가. 혹시 몰라 말하는데 아무도 아니다. 왕도 공주도 왕자도 아닌 그저 평범한 사람이다. 그런데 그 사실을 알아차리지 못한다. 이런 가족에 둘러싸여 그저 그들의 일방적 하수인으로 변해버린 어머니의 집안일 부담과 가슴 속 응어리는 풀릴 기색이 없다.

결국은 '가사 분담' 같은 걸 하는 한은 어머니의 엄청난 부담은 영원히 사라지지 않는다.

집안일을 타인에게 맡긴 사건의 최후

그래서 소리 높여 말하고 싶다.

가사 분담, 이제 그만둡시다, 라고.

결코 비현실적인 제안은 아니라 생각한다. 고도로 발달한 문명사회에 살고있는 우리는 수렵시대처럼 불을 지펴 고기를 굽고 동물의 가죽을 벗겨 손으로 옷을 만들지도 않고 에도 시대처럼 무거운 옷을 빨지도 않았다. 집에는 가스레인지가 있고 옷도 가벼워서 금방 마른다. 자신의 주변을 스스로 처리하는데 기껏해야 40분이면 충분하다는 것을 이미 내가 증명했다.

물론 이 같은 것을 실행하는 데 있어 가장 큰 걸림돌은 현재 집안일을 분담하고 있는 사람, 결국 대개 남편이나 자녀일 것이다.

그러나 사실 가사 분담을 그만두었을 때 가장 은혜를 입는 것은 바로 그들이다.

가사 분담으로 자신의 뒤치다꺼리를 누군가에게 떠맡기는 사람은 결국 행운을 놓치고 만다. 게다가 훗날 큰 대가를 치르고야 만다.

집안일을 못 하는 정년 후 남성이 아무것도 안 하고 집에 있으면서 '식사'나 '목욕' 등으로 아내를 귀찮고 성가시게 만드는 존재가 되어 가정에서 천덕꾸러기가 된다는 이야기는 유명하다. 인생 100세 시대가 된 지금 이건 분명 살아있는 지옥 그 자체일 것이다. 그래도 아내가 있는 동안은 그나마 행복하게 지낼 수 있다. 나는 신문기자 시절에 사회적 지위도 있어서 위세를 떨던 사람이 아내를 먼저 떠나보낸 후부터 집도 행색도 표정도 예전 같지 않고 결국 견딜 수 없는 감정으로 무너지는 모습을 몇 차례 목격하고 충격을 받았었다. 그것은 사실 안타까운 광경이었다. 최종적으로 사람을 지탱해주는 것은 '돈도 명예도 아닌 집안일'이라고 당시 강하게 마음에 새긴 경험이다.

인생을 좌우하는 것은 집안일 해결 능력

집안일을 하지 않는 사람 가운데는 돈을 벌어도 의외로 '쓰지' 못하는 사람이 많다. 써봐야 식비나 취미로 어떤 물건을 사는 정도로, 결국은 '푼돈 사용법' 밖에 모른다.

말할 나위 없이 가장 중요한 것은 푼돈이 아닌 생활비의 사용법이다. 인생의 토대를 성립시켜주는 견실한 지출법이다. 결국은 '생활에 실제 얼마의 비용이 드는가' 하는 실감이다.

이것은 몸소 집안일을 할 때 비로소 익힐 수 있다. 그렇지 않으면 돈에 대하여 그저 무작정 집착하게 된다.

적어도 이 정도의 돈만 있으면 어떻게든 지낼 수 있다고 하는 '기준'이 없기에 어떤 일을 하든 돈이 많지 않으면 인생을 망친다는 생각에서 정년 후 제 분수에 맞지 않는 번지르르한 재취업이나 창업을 꿈꾸다 좌절하여 우울증에 걸리는 것은 이런 사람들이다. 하지만 집안일을 잘하는 사람은 한정된 돈을 사용하여 스스로 행복을 만드는 체험을 하나둘 쌓을 수 있기에 회사를 그만두고 혼자가 되어도 서둘러 돈 때문에 다시금 시간을 희생시키는 인생에 뛰어들지 않는다. 느긋하게 자신이 좋아하는 일을 하거나 타인에게 기쁨을 안겨주는 일을 라이프워크로 삼기도 한다. 인생의 선택지가 비약적으로 넓어진다.

이건 매우 중요하다. 새삼 코로나를 예로 들 것도 없고 먼 정년 후까지 볼 필요 없이 우리는 바로 1년 뒤 무슨 일이 일어날지 아무도 예측할 수 없는 혼란의 시대를 살고 있다. 이제 괜찮다며 안도했던 인생이 어느 날 돌연 감당할 수 없는 만큼 망가지는 일은 누구에게나 일어날 수 있다. 그때 든든한 의지처는 주위가 어찌 되든 내 힘으로 인생을 행복하게 만드는 힘 즉, 집안일 해결 능력 외에 무엇이 있는지 묻고 싶다.

그리고 그 귀중한 능력을 아이 시절부터 몸에 익히면 긴 인생의 불안은 단연코 줄어든다. 아니, 좀 곰곰이 생각하면 지금을 사는 젊은 사람일수록 집안일을 익힐 필요가 있지 않을까. 격차가 점차 벌어지는 사회에서 어떤 부모

밑에 태어날지는 그 누구도 선택할 수 없다. 아동방임이나 아동학대와 조우할지도 모른다. 그때 집안일을 할 수 있다면, 즉 돈에 의지하지 않고 스스로 자신의 생활을 정돈할 수단을 가진다는 건 불합리한 난관에서도 어떻게든 극복하기 위한 가장 유력한 도우미가 될 것이다. 물론 그런 상황까지 가지 않아도 어지럽게 변화하는 사회에서 과거처럼 평범하게 학교를 졸업해 평범하게 취직하고 평범한 가정을 일구고 평범하게 인생을 온전히 살아갈 수 있는 사람은 거의 없다. 열심히 노력해도 쌓아 올린 것이 한순간에 무너져버리는 일도 비일비재하다. 그런 사회에서는 자신이 가진 살아가는 힘이 든든한 의지가 된다.

따라서 학력을 키우는 만큼 아니 그 이상으로 열심히 집안일을 익히는 게 젊은 사람의 미래를 밝히는 가장 확실한 방법이 아닐는지.

집안일은 가장 확실한 자기 투자

몇 번을 말하지만, 집안일을 잘한다는 건 한마디로 '자기 일은 스스로 하는' 것이다. 매일 건강하고 맛있는 것을 먹고 잘 정돈된 방에서 자신에게 어울리는 말쑥한 옷을 입고 살아간다. 그것이 가능하다면 '집안일을 잘하는' 사람이다.

그 사람은 분명 행복하다. 돈이 있든 없든 행복을 제 손으로 간단히 획득할 수 있기에 행복하다. 집안일을 잘한다는 건 가장 확실한 자기 투자이고, 특별할 게 없어도 제대로 살아갈 궁극의 안전망이다. 지금 화제가 되는 기본소득이 아니더라도 누구나 약간의 돈으로 건강하고 문화적인 생활을 영위할 수 있다. 바로 눈앞의 암흑 속에서도 임기응변으로 태연히 살아갈 수 있다.

집안일을 다른 사람에게 떠넘긴 사람은 이 같은 진귀한 보석을 스스로 내던진 것과 다르지 않다.

그래서 가사 분담한답시고 다른 사람에게 떠넘기는 걸 그만두면 누구 한 사람에게 집중하는 불합리한 부담이 줄어드는 것은 물론, 누구나 그런 귀중한 인생의 보석인 집안일을 익혀두면 두고두고 요긴하게 사용할 수 있다.

괜찮다. 두려워할 거 하나 없다. 거듭 이야기하지만 요리와 빨래, 청소는 기껏해야 40분이면 끝난다. 그것이 몸에 익으면 평생 안도와 행복이 보장된다. 이 같은 최저 손실 고수익인 투자는 없다. 암호화폐에 투자할지 말지를 고민하기 전에 가사 분담을 멈추고 1인 1집안일을 해야 한다. 그래야 모두 확실히 구원받는다.

그러니 집안일을 하지 않을 이유 같은 건 없다고 생각한다.

처음 요리를 시작하는 당신에게 드리는 조언

집안일 가운데 요리는 10년 전에 비해 '여성의 일'이라는 인식이 확실히 옅어졌다. 남자 요리연구가도 큰 인기를 얻고 있는 요즘이다. 좋은 일이라 생각한다. 하지만 요즘은 편의점이나 슈퍼마켓에만 가도 저렴한 푸드체인점이 즐비하다. 남녀를 불문하고 '바쁘고 피곤해서 일부러 요리하고 싶지 않다'는 사람도 증가하고 있다. 2022년 한 일본 민간회사가 실시한 조사에 의하면 스스로 요리하지 않는 사람이 4명 중 1명으로 꽤 높은 비율을 차지하고 있다.

결국 지금까지 요리하지 않는다고 하면 주로 주부에게 요리를 떠넘긴 사람의 이야기였지만, 요즘은 이 사람 저 사람 가리지 않고 요리는 '외부에 맡기는' 새로운 생활 스타일이 일부 정착했다고 할 수 있다.

스스로 요리가 하고 싶지 않아 돈을 내고 외식하거나 반찬을 사는 게 무슨 문제가 되는지 반문한다면 그 말도 지당하다. 그러나 '먹는 행위'는 우리가 삶을 지속하는 한 누구도 피할 수 없는 것으로, 삶의 매우 중요한 부분이라고 할 수 있다. 이런 중요한 영역을 외부에 의지하기만 한다면 정말 속수무책의 위기가 닥칠 수도 있다. 큰 지진이 발생해 전기가 끊긴 지역에서 슈퍼마켓도 편의점도 죄다 문을 닫아 '굶어 죽는 줄 알았다'고 인터뷰한 사람이 있었다. 슈퍼마켓이나 편의점이 닫힌 것쯤으로 굶어 죽어선 안 된다. 무슨 일이 일어났을 때는 물론, 아무 일이 일어나지 않아도 인생의 근본적인 토대가 늘 흔들려서는 사람의 마음이 깊은 곳부터 불안해진다.

사실은 굳이 내가 말하지 않아도 스스로 요리하지 않는 사람도 어렴풋이 알고 있다. '요리는 하는 게 좋다'고 마음속 어딘가에서 생각한다. 그러나 그 장벽이 높아 좀처럼 실행에 이르지 못하는 것이 현실 아닐까.

앞에서 언급한 조사에서 요리하지 않는 이유로 '귀찮아서' '요리가 서툴러서'를 꼽은 사람이 75퍼센트를 차지했다. 뒤집어 보면 요리는 '귀찮고' '어려운' 것이라는 세상의 상식이 좀처럼 행동으로 나서지 못하게 한다. 행동해

봤자 어차피 못할 것이고, 따라서 뭉그적거리며 좀처럼 행동하지 못한다. 그 무한반복. 여기서 어떻게든 행동하지 않으면 안 되지만 그저 '해보고 싶다'는 생각뿐이지 실제로는 역시 행동하길 포기한다.

이런 이유로 무엇보다 중요한 것은 우선 요리를 맛있게 만드는 건 어렵다는 '상식'을 극복하는 것이다.

이렇게 말할 수 있는 건 내가 이 상식을 극복했기 때문으로, 지금 이렇게나 편하게 잘 요리하고 있다.

먼저 '맛있게 만들' 필요가 전혀 없다! 먹을 수 있으면 OK. 원시시대 인류를 상상해보자. 딱딱하거나 비린내가 나서 못 먹는 것을 먹을 수 있게 만드는 게 요리다. 먹을 수 있는 정도라면 뭉뚱그려 '맛있다'라고 말할 수 있다.

여기서 '어려운' 건 일절 할 필요가 없다!

누구나 요리할 수 있기에 오늘날까지 우리 인류는 살아남았다는 사실을 잊지 말자. 요리가 어려운 것이 된 것은 단지 당신이 '어려운' 요리를 만들려고 하기 때문이다.

그러니 우선 일단 매일매일 쏟아지는 음식 관련 정보에서 벗어나자. '프랑스 가정식'이나 '최고의 반찬', 이도 저도 '맛있어 보이는' 정보에 차가운 시선을 던지고 공들인 맛있는 음식은 그 분야의 프로에게 맡기자는 결론을 내리

자. 요리란 어떤 노고 없이 만드는 것으로 특별히 맛있는 게 아니다. 그저 보통의 음식을 보통으로 만드는 것이다. 요리는 '특별한' 것을 '잘하는' 게 아니다. 거듭 말하지만 '배탈 나지 않으면 OK'다.

이런 이유로 가장 먼저 힘써야 하는 건 밥을 짓는 것과 된장국을 끓이는 것이다.

이 정도라면 누구든 할 수 있다. 레시피 같은 걸 참고할 필요도 없다. 먼저 밥인데, 지금은 밥솥이 있어 쌀과 물 분량만 표시선 대로 맞추면 누구라도 꽤 맛있게 밥을 지을 수 있다. 그래서 몸소 지은 따끈한 밥을 고마운 마음으로 먹으면 절로 '흐음' 하는 신음이 새어 나올 만큼 행복과 에너지를 느낀다. 살아갈 힘이 샘솟는다고 할까. 그것은 '맛있다'와 같은 표면적인 감각과는 전혀 다른 멋진 감정이다.

그리고 그 에너지를 한층 증폭시키는 게 된장국이다.

이것은 밥보다 조금 복잡한 과정을 거쳐야 한다고 생각할지 모르지만, 처음부터 그런 어려운 걸 할 필요는 없다.

된장국이란 '된장'을 푼 '국'이기 때문에, 먼저 그 이름대로 만들면 된다. 컵에 된장 한 큰술 넣고 거기에 물을 부어 된장을 잘 풀어준다. 그것으로 충분하다.

맛이 덜하면 여기에 '가다랑어포'를 살살 뿌린다. 좀 더 그럴싸하게 완성하고 싶다면 올리브오일이나 참기름 한 방울을 떨어뜨린다. 여기에 맛을 좀 더 살리고 싶다면 파를 썰어 넣고 건더기를 원한다면 건조 미역을 조금 넣는 식으로 단계적으로 토핑을 늘리다 보면 어느 사이엔가 남은 채소를 활용하게 된다.

처음부터 완벽할 필요는 없다. 밥과 간단한 된장국만 단시간에 만들 수 있다면 나머지는 마른반찬이나 김, 절임류 반찬이나 달걀, 통조림 등을 곁들이기만 해도 매우 훌륭한 식탁이 완성된다.

요리란 이런 거다! 맛있는 것도 맛없는 것도 아니다. 결국은 성공도 실패도 없다. 누구나 하기만 하면 분명 '만족'할 수 있다.

인생에 그런 게 하나 정도는 꼭 있어야 한다.

CHAPTER 3

집안일이 최대 투자인 이유

3원칙 저편에서 기다리는 꿈의 세계

여기서 복습해보자. 집안일을 압도적으로 편하게 하기 위한 이나가키식 3원칙은 다음과 같다.

① 편리함을 버려라.
② 가능성을 넓히지 않는다.
③ 분담을 그만둔다.

여러 이야기를 했지만 한마디로 말하면 '욕망에 휘둘리지 말고 자립하여 간결하게 살자'는 것이다. 인생이 단순해지면 인생의 일부인 집안일도 당연히 단순해진다.

요컨대 그뿐인 일이다. 그러나 현대의 욕망 사회에서는 이 모든 과정이 마치 금욕적인 수행처럼 즐겁지 않아 보일지 모른다.

어찌 보면 그렇게 보이는 것도 당연하다.

그래서 여기서 말하는 살림천국에 이르는 3원칙을 철저히 실현하면 어떤 멋진 인생이 기다리고 있는지를 다시금 알려주고 싶다.

그것은 실제로 해보기 전까지는 예기치 못한 것들이었다. 귀찮게만 보이는 집안일이 사라진 것만도 엄청나게 기쁜데 여기에 현대인의 우울감을 말끔히 날려버릴 기쁜 일들이 기다리고 있다니, 그런 거짓말 같은 이야기가 이 세상에 존재할 리 없다.

그러나 있었다!

압도적인 저비용

우선은 뭐니 뭐니 해도 이거다.

집안일이 편해지면 생활비가 놀라울 정도로 줄어든다!

결국은 돈이 모인다!

거창하게 말했지만 당연한 거다.

왜냐하면 내가 반복해서 이야기하는 집안일이란 욕심을 줄이고 편리에 의존하지 않으며 소박한 생활에 만족해 살아가는 것이기도 하기에 당연히 생활이 단출해질 수밖에 없다.

하지만 실제로 해보니 상상을 초월한 그 압도적인 저비용에는 역시나 나도 놀랐다.

원래 '물건을 사는' 행위로 편한 집안일을 시작한 이래 나의 즐거운 구매 행동은 돌연 위태로운 '요주의' 행동으로 몰락했다. 물건을 살수록 집안일이 힘들어졌기 때문이다.

물건이 증가하고 생활이 복잡해지면 청소도 정돈도 어려워지는데 그 악순환의 스위치를 켜는 부정적인 이미지가 떠올랐다.

구매 행동은 인생을 한층 풍요롭고 밝게 만드는 확실한 방법이라고 믿었던 가치관이 180도 바뀌었다.

돈이 저절로 다가온다?

불과 얼마 전까지 '귀여워!' '즐거워!' '맛있어!'라고 푹 빠져 있던 예쁜 식기도 맛있는 식재료도 멋진 조리도구도 유행하는 옷도 액세서리도 새로운 인테리어 용품도 지금은 '요리에 시간이 걸린다' '물건이 넘쳐나 청소가 어렵다' '정리 정돈에 끝이 없다' '세탁이 어렵다'라는 지옥으로 가는 티켓으로만 보인다.

그런 이유로 일절 원하지 않는다.

스스로 놀라는 것은 그런 데 돈을 쓰지 않는 이유가 돈을 아끼기 위해 '참는' 게 아니라는 사실이다. 단지 갖고 싶지 않다. 원치 않는다. 생각이 이렇게 변하니 절약의 고통이나 인내 같은 과정 없이 어느 사이엔가 거의 사지 않게 되었다.

매일 사는 것이라고는 채소나 두부, 때때로 건조식품이나 조미료, 그리고 몇 개월에 한 번 청소나 세탁용 천연세제를 사고, 시즌에 한 번 속옷을 새것으로 바꾸는 정도다. 그뿐이다. 그것으로 충분히 건강하고 문화적인 생활이 유지된다. 그뿐만이 아니라 물건이 줄어서 집 안도 깔끔하고 시간적으로도 마음으로도 여유가 생겼다. 돈을 마구 쓰던 때와 비교해 몇 배나 건강하고 문화적인 생활을 보내고 있다. 결국은 돈을 쓰지 않아도 풍요로운 생활이 가능하다.

이러고 보니 나는 돈과 풍요로움의 관계를 알 수 없게 되었다.

그런데 아이러니하게도 그렇게 되자 돈이 모였다. '모으는' 게 아니라 '모였'다. 여하튼 쓸 데가 없으니 모일 수밖에….

돈은 마치 연애 상대 같다. 원하고 바랄 때는 아무리 따라가도 도망치지만 '특별히 원치 않는다'라고 생각한 순간 다가온다. 설마 이런 경지에 이르는 날이 올 줄이야.

재해에도 흔들리지 않는다

그리고 간소한 집안일이 습관이 되면 재해가 닥쳐도 흔들리지 않는다.

의외라고 생각할지 모른다.

쓸데없는 것을 가지지 않는 게 간소한 살림의 핵심이지만, 재해가 많은 요즘은 '위기에 처했을 때를 대비하여 며칠 분량의 식량이나 생활필수품을 비축하는' 게 세상의 상식이다. 실제로 내가 생활하는 도쿄도 태풍 등이 접근하면 슈퍼마켓 진열대에서 여러 비축품이 말끔히 사라지는 사태가 실제로 벌어진다.

그래서 다시금 자신을 돌아본다. 이처럼 아무것도 가지지 않아도 될까. 평상시는 괜찮지만 만약 재해가 있다면 과연 어떨지.

그 결론은 곧 나왔다. 아무 문제도 없었다! 오히려 간소한 살림일수록 재해에 맞춘 생활이 아닐까 싶을 정도다.

여하튼 애당초 '편리'에 기대지 않는다. 나의 경우 그 부분을 철저하게 집중한 결과, 세계적 에너지 위기에 의한 전력 폭등의 시대에 전기료는 월 200엔, 가스는 애당초 계약하지 않고 휴대용 가스버너를 이용하고 목욕도 대중탕을 이용한다. 수도도 월 1제곱미터밖에 사용하지 않는다. 결국 전기, 수도, 통신시설에 의지하지 않게 된다.

이건 거의 '상시 재해' 생활이다.

재해로 보급로가 단절되어도 언제든 빨래할 수 있고, 휴대용 가스버너로 밥을 짓고, 청소할 수도 있다. 적어도 일주일쯤은 집안일을 하며 그럭저럭 평소처럼 지낼 수 있다. 냉장고가 없으니 전기가 끊겨도 영향이 전혀 없다. 식재료는 절이거나 건조시켜 상온에서 보관하기 때문에 세상이 언제 무너져도 비축품은 충분하다.

편리함을 버리면 성장한다

내 입으로 말하기 좀 쑥스럽지만 집안일을 거뜬히 해내는 사람이 지금 과연 얼마나 있을까?

'편리함을 버린다'라고 하면 왠지 뭔가 큰 보물을 놓치는 거 같아 불안하지만 사실 그렇지 않다.

편리를 그만두면 그만큼 자기 내면에 지혜나 경험이 쌓인다. 물건은 예기치 못한 일로 언제 잃을지 모르고 재해 비상용품도 시간이 지나면 낡아버리지만, 지혜나 경험은 시간과 함께 축적된다.

그런 까닭에 나는 태풍이 오든 코로나로 긴급사태에 놓이든 황급히 슈퍼마켓으로 달려간 적도 없고 그럴 생각도 없다. 또 그럴 필요도 없다.

무슨 일이 있든 평상시처럼 태연자약. 그런 큰 인물이 되었다.

한 치 앞도 예측할 수 없는 시대에 무슨 일이 일어나도 거뜬하다는 태도로 살아간다. 몸소 해보면 알 수 있는데 마음이 든든하다. 간소한 살림이야말로 최첨단 생활이 아닐는지 은밀히 자부심을 느끼는 오늘이다.

쓰레기 배출은 두 달에 한 번

집안일을 간소하게 바꾸고 나서 나의 생활은 엄청나게 친환경으로 돌변했다. 분명히 말하지만 최강의 친환경적 생활이라고 자부한다. 1인 SDGs(지속가능발전목표)라고 부르고 싶다.

이것도 전혀 목표로 한 게 아닌데 결과적으로 그렇게 되었다.

집안일이 편해진다는 건 생활이 단출해지는 것으로, 요컨대 매일이 캠핑 같다. 그러면 보통 괜히 에너지를 사용하지 않고 쓰레기도 나오지 않는다. 전기, 가스, 수도 소비가 적은 것은 앞에서 말한 바와 같고 쓰레기 양도 현격히 줄었는데 이 부분은 나도 놀랄 지경이다. 지금은 태우는 쓰레기를 두세 달에 한 번 배출한다.

다시 말하지만, 환경을 위해 억지로 힘들게 참는 것도 어떤 목적이 있는 것도 아니다. 보통으로 편하게 건강하고 문화적으로 생활했더니 이렇게 되어버렸다.

그런데 이것이 실제로 해보면 마음도 밝아지고 기분도 좋아진다.

그리고 물건을 낭비하거나 일회용품을 쓰고 쓰레기로 버리는 행위가 자신의 마음을 피폐하게 만든다는 사실도 깨닫는다. 물건을 소중히 한다는 것은 곧 자신을 소중히 하는 것이고, 친환경적으로 산다는 것은 곧 자신에게 친절하게 사는 것이기도 하다.

일부러 친절히 대하지 않아도 좋다. 집안일이 편해지면 자신에게 친절해지기 때문이다.

그리고 또 한 가지, 꽤 귀중한 정보라 다음 장에서 자세히 이야기하겠다.

간소한 살림은 사실 궁극의 노후대책이기도 하다.

음식물 쓰레기로 만든 퇴비로 '일석오조'를 체감하다

우리 집 쓰레기가 경이적으로 적은 이유 중 하나가 '음식물 쓰레기'라는 게 원래 존재하지 않기 때문이다.

그 이유는 간단하다. 모든 음식물 쓰레기를 비료로 만들고 있기 때문이다.

베란다에서 키우던 꽃들이 시들어 죽은 자리에 굳어진 흙이 많이 생겼고 그것을 어디에 어떤 식으로 버리면 좋을지 고민하던 중에, 퇴비로 '채소를 키운다'는 잡지 기사를 읽은 게 계기다.

나는 서둘러 기사에 쓰인 대로 해보았다.

필요한 도구는 모래주머니와 벽돌 2장(철물점에 가면 살 수 있다), 쌀겨(쌀집이나 슈퍼마켓에서 구할 수 있다)뿐이다.

먼저 모래주머니에 '단단한 흙'과 쌀겨를 섞어 넣고 거기서 이틀에 한 번 부엌에서 나온 음식물 쓰레기와 쌀겨 한 움큼을 넣고 섞는다. 그리고 주머니 입구를 잘 여민 다음 뒤집어 20센티미터 간격으로 나란히 놓은 벽돌 위에 올려둔다. 음식물 쓰레기가 모여 주머니가 가득 차면 큰 화분의 그 단단한 흙으로 모래주머니의 내용물을 위아래로 덮고 적당한 수분을 주면서 2개월 정도 방치하면 신기하게도 단단한 흙이 포슬포슬하고 까맣게 변하면서 영양이 풍부한 흙이 된다.

해보니 진짜 그대로 되었다. 정말 깜짝 놀랐다. 신은 있구나!

그 포슬포슬한 흙으로 봄여름에는 바질과 차조기, 고추, 가을과 겨울에는 무나 당근, 소송채나 샐러드 채소를 키워 먹는다. 거기서 발생한 음식물 쓰레기는 다시 비료가 되고 채소를 키우고 그것을 먹고의 무한반복이다. 게다가 팔은 안으로 굽는다고 내가 키운 채소는 맛있다. 생김새가 못날수록 귀여운 법이다. 다소 딱딱해도 맛이 아려도 잘게 잘라 정성껏 볶거나 해서 맛있게 먹기에 늘 맛이 좋다. 그것은 사서 조리한 것을 먹는 것과는 완전히 차원이 다른 기쁨이다. 이런 행위 자체가 '진수성찬'이다.

여기에 기적은 이어진다.

이것을 시작하고 우리 집 쓰레기통은 실로 청결하고 쾌적한 존재가 되었다. 왜냐하면 내용물이 없어 늘 뽀송뽀송 말라 있기 때문이다. 쓰레기라는 느낌이 없다. 음식물 쓰레기가 나오지 않는다는 건 그런 거다. 이리하여 나의 인생에서 음식물 쓰레기가 사라졌다. 쓰레기가 썩어 불쾌한 냄새가 풍기는 일도 없고 '빨리 쓰레기를 내놔야 한다'는 스트레스도 사라졌다. 마치 나의 인생에 환한 전구 열 개쯤 켠 듯 밝아진다. 게다가 그 밝기는 금방 효과가 떨어지는 술이나 쇼핑과 달리 영원하다. 이만한 도핑 효과가 있는 걸 나는 달리 알지 못한다.

그리고 기적은 여전히 이어진다.

앞에서 '채소를 키운다'고 간단히 말했는데 사실 조금도 간단하지 않다. 채소는 인공적으로 만드는 것으로 '강한 식물'이 아니다. 의외로 금방 병에 걸리거나 벌레에 먹힌다. 특히 '열매를 맺는' 채소(콩이나 토마토, 피망 등)는 중요한 열매가 열리는 단계에서 엄청난 에너지가 소모되기에 약속이나 한 듯 단숨에 마르거나 병에 걸린다. 따라서 지금은 허브나 잎채소, 작은 크기의 뿌리채소만 키운다.

여기서 이야기하고 싶은 것은 이렇게 소소하게 직접 채

소를 키우면 '먹을 것을 만드는' 일이 얼마나 어렵고 힘든지를 알게 된다. 채소 가게에서 일정한 크기로 예쁘게 자란 방울토마토가 200엔에 팔리면 무심코 눈을 희번덕거린다. '채소가 비싸다'고 불평하는 사람이 있으면 울컥 화가 나기도 한다. 오히려 '너무 싸지 않아? 농부님, 오늘도 감사합니다. 헛되지 않도록 소중히 잘 먹겠습니다' 이런 기특한 마음이 저절로 샘솟는다. 이리하여 우리 집은 음식 낭비라는 단어가 없다. 허투루 쓰는 식비도 없다.

그리고 마지막으로 또 다른 기적을 이야기하고 싶다. 그것은 '쓰레기가 훌륭한 자원이 된다'는 사실이 가져온 정신적인 효능이다. 그렇게 쓰레기라는 개념이 달라진다. 모든 것은 순환만 잘하면 다음 세대로 멋지게 생명이 이어진다. 그런 식으로 생각하면 자신도 틀림없이 사회의 쓰레기가 아니다. 타인의 시선이나 평가를 신경 쓸 필요가 없다. 그저 열심히 살면 그뿐이다.

그것이 내게는 가장 큰 이점일지 모른다.

그래서 약간의 도구로 누구든 간단히 할 수 있고, 나아가 인생에 큰 기적을 줄줄이 일으키는 음식물 쓰레기로 퇴비 만들기는 한 사람이라도 더 많은 사람에게 권하고 싶은 집안일이다.

CHAPTER 4

노후와 집안일의 깊은 관계

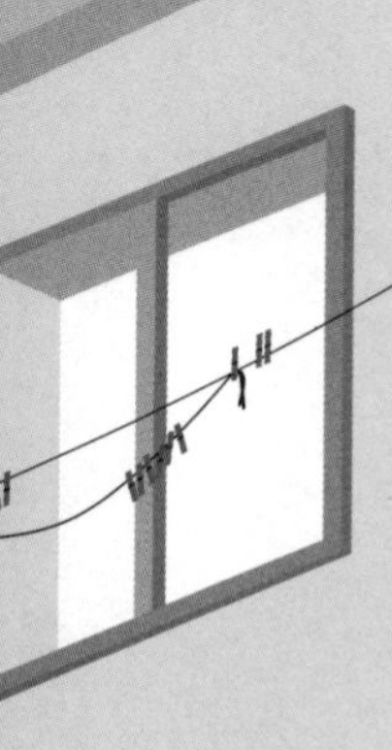

당연한 집안일이 터무니없는 어려운 일이 된다

지금부터 들려줄 이야기는 원래 집안일이 야무지지 못한 내가 이처럼 공개된 자리를 빌려 부끄러움을 무릅쓰고 살림 이야기를 써야겠다고 생각한 가장 큰 동기로, 한 사람이라도 더 많은 사람이 생각해보았으면 하는 내용이다.

그것은 '노후'와 '집안일'에 관해서다.

뭐? 노후와 집안일이라고? 대체 거기에 무슨 관계가 있다는 거지? 물론 나도 지금까지 그렇게 생각했다. 노후도 집안일도 각각 현대에 해결하기 힘든 큰 문젯거리가 분명하지만 전혀 다른 장르의 이야기다. 그래서 두 가지를 관련지어 생각해본 적이 없었다.

우리 엄마가 나이 들기 전까지는.

엄마는 세상을 떠나기 3년 전부터 치매를 앓았다. 그건 가족 그리고 누구보다 엄마 자신에게도 암중모색의 3년이었다. 여하튼 치매는 낫는 병이 아니다. 어제 할 수 있던 게 오늘은 할 수 없는, 그 연속이다. 결국 시간이 지날수록 엄마가 점차 엄마가 아니게 되어간다. 희망이 없기에 무엇보다 괴로웠다.

그중에서도 엄마를 힘들게 만든 게 '집안일'이었다.

전업주부로 부지런하고 성실했던 엄마는 완벽하게 살림을 해내는 사람이었다. 매일 온 집 안을 윤기 나게 쓸고 닦고 많은 빨래를 빨아서 말리고, 이런저런 요리책을 보고 공들여 요리를 만들어 식탁 가득 내놓는 것이 엄마의 당연한 일상이자 자존심이기도 했다.

그런데 병을 얻은 순간, 그것이 일거에 터무니없이 어려워졌다.

아침에 일어나 이불을 개고 옷을 갈아입고 밥을 지어 그릇에 보기 좋게 담아 먹고 식탁을 치우고 세탁기를 돌리고 빨래를 말려 개키고 청소기를 돌리고… 이런 당연한 집안일 앞에 엄마는 일일이 망연자실하여 서 있었다.

그때까지 특별할 것 없는 보통의 집안일을 '할 수 없는' 현실에 직면한 엄마를 곁에서 보고 나는 그것이 실은 복잡한 사고와 판단, 행동의 연속으로 성립되어 있다는 걸 새삼 깨달았다.

멀티태스크의 집합체, 집안일

예컨대 한마디로 '밥짓기'라고 해도 그건 멀티태스크의 연속이다.

먼저 전날 무엇을 먹었는지를 확인하고 남은 식재료나 가족이 좋아하는 식단을 고려하여 그날의 밥상을 생각한다. 식단을 결정하고 식재료 창고를 확인하고 무엇이 부족한 것을 조사하고 그것을 메모했다가 장 보러 가서 넓은 슈퍼마켓에서 사야 할 것을 적절히 찾아내어 구입하고 정리한 다음에야 조리가 시작된다.

그리고 이때부터 까다로운 작업의 연속이다. 밥을 짓고 그동안 몇 가지 반찬을 병행하여 만들기 위해서는 자르고 삶고 굽고 간하는 다채롭고 방대한 작업을 진행 상태에 맞춰 적확하게 시선을 주면서 상황에 따른 전환을 이어가며 원활히 척척 진행해야 한다.

그런데 매주 한 번 방문할 때마다 엄마의 '못하는' 것이 하나씩 늘었다.

장 봐야 할 물품을 메모는 하지만 메모해 두었다는 사실을 잊는다. 요리책의 어느 부분을 지금 만들고 있는지도 빈번히 헷갈려한다. 어떤 조미료를 얼마만큼 넣었는지 넣지 않았는지 끊임없이 혼란스러워한다. 식기장은 정해진 위치를 무시하고 접시들이 무질서하게 마구 뒤죽박죽 놓여 있다. 상상하지 못한 혼란에 직면할 때마다 음식을 만들어 먹고 치우는 그저 그뿐인 일의 어려움에 현기증이 났다.

편리함이 혼란의 씨앗으로

요리만이 아니다. 빨래도 결코 간단한 작업이 아니다.

세탁기가 있어도 다 마른 세탁물을 속옷, 양말, 수건, 식탁 매트, 손수건 등으로 구분해 다시 소유자별로 분류해 잘 개켜서 집 안 곳곳에 있는 수납장에 넣는 데는 상당한 기억력이 필요하다. 청소도 먼저 정리 정돈이 큰일이다. 매일 우편으로 날아드는 우편물에 잡지, 통지서 등을 필요에 따라 구분하지 못해 점차 집 안 모든 책상에 종이가 수북이 쌓여서 수습되지 않는다. 많은 옷과 자잘한 물건들도 열심히 정리할수록 어디에 무엇을 두었는지 알 수 없게 된다. 평생 멋쟁이던 엄마가 방 안 가득 옷가지를 늘어놓고 그 속에서 패배감이 가득한 얼굴로 고개를 갸웃거리는 모습은 뭐라 말로 형용할 수 없는 기분을 자아냈다.

그런 엄마를 어떻게든 돕기 위해 가족이 사 온 '편리한' 것도 결코 엄마를 구원하지 못했다. 아니, 오히려 새로운 혼란의 씨앗이 되었다. 무거운 청소기가 부담이라는 엄마를 위해 언니가 가벼운 빗자루와 거치형 쓰레받기를 샀지만, 엄마는 그 낯선 도구의 사용법을 도무지 기억하지 못했다. 몇 번을 설명해도 매번 묵직한 거치형 장치를 어떻게든 움직이려고 하다 어찌할 바를 몰라 망연자실했다.

소량의 밥을 손쉽게 지을 수 있게 아버지가 사 온 소형 전기밥솥도 엄마는 지금까지와 다른 스위치나 뚜껑 여는 방법을 익히지 못해 밥하는 것 자체를 꺼리게 되었다.

엄청난 물건이 엄습하다

결국 엄마는 아무리 노력해도 지금까지 해오던 것이 불가능해졌다. 열심히 시도는 했지만, 엄마가 이제껏 해오던 집안일의 장벽이 너무 높았다. 지금껏 풍요로운 생활의 상징물이던 방대한 음식물, 식기, 옷가지, 수건… 온갖 물건이 한꺼번에 엄마를 덮쳐오는 것 같았다.

그러는 가운데 엄마는 온종일 물건을 찾아 헤맸다. 그러나 아무리 뒤집고 엎어도 찾으려는 걸 찾지 못해 집은 엉망진창이 되었고, 일주일에 한 번 내가 갈 때마다 엄마는 "미안, 뒤죽박죽으로 만들어서"라며 쓸쓸히 웃었다. 하지만 상관없었다. 집이 뒤죽박죽이라도 엄마만 건강히 곁에 있어 준다면 그것으로 좋았다.

그러나 사람은 역시 그런 상황에서는 활력을 잃는다. 마음 내키는 대로 있으려 한다. 그리고 집안일이 정체되어 생활이 무너지면 엄마가 엄마가 아니게 되고 그것을 지켜보는 가족도 고통스럽다. 언제나 단정했던 엄마가 말끔하지 못한 모습으로 너저분한 방에서 무표정한 얼굴로 멍하니 앉아 있는 모습은 역시 보고 싶지 않다.

그 누구보다 엄마 자신이 그런 자신의 모습을 보고 싶

지 않았을 것이다. 그런 자신을 용납할 수 없었을 것이다.

엄마는 점차 활력을 잃고 슬픈 얼굴로 "피곤해" "숨쉬기가 힘들어"라고 말하고 자리에 눕는 일이 많아졌다.

그래도 집안일은 '살아가는 동기'

그러는 와중에도 엄마는 과감히 도전했다.

거의 매일 온종일 누워지내는 나날이 되었어도 어쩌다 갑자기 일어나서는 광고지를 쓰레받기 삼아 방바닥의 작은 먼지들을 쓸어 담으려(굿 아이디어! 역시 우리 엄마!) 애쓰고, 내가 요리하고 있으면 "도와줄까?"라고 말했다. 엄마에게 집안일은 인생 그 자체였을 것이다. 여러 일들이 생각처럼 되지 않아도 해야 하는 일이고, 그리고 하고 싶은 일이기도 했다.

그것은 매일 조금씩 움츠러들어 소극적으로 되어가는 엄마에겐 귀중한 '살아갈 동기'였다.

자기 일을 스스로 할 수 있다는 것. 그리고 어떤 역할을 맡고 있다는 것. 그것은 누구에게나 중요하다. 그것이 없다면 사람은 진정한 의미에서 살아갈 수 없을지 모른다.

출구 없는 힘겨운 병을 얻은 엄마에게 '집안일'이라는 살아갈 동기가 있다는 것만으로 나는 마음으로부터 감사했지만, 그것이 생각처럼 되지 않을 때마다 엄마는 괴로워하고 스스로를 한심해했다.

대체 어떻게 하면 좋을까?

좀 더 간단히 집안일을 할 수 없는 걸까?

문제는 '집안일'이 아니라 '욕망'

나는 엄마에게 공들여 요리하지 않아도 된다, 밥과 된장국, 생선구이로 충분히 맛있다, 그것이라면 매일 식단을 생각하지 않아도 되고 한 가지 방식이라 요리하기도 편하다고 몇 번이고 말했다. 그때마다 엄마는 금방 수긍했지만, 결코 이해하지 못했고 실행에 옮기려고도 하지 않았다.

엄마가 하루종일 누워지내는 이부자리 옆에는 요리책이 놓여 있고 과거 공들여 만들었던 요리가 설명된 페이지를 마냥 보았다. 하지만 이제 엄마는 그것을 만들 수 없다. 그래도 노력파인 엄마에겐 그같이 공들여 요리하는 게 '요리하는' 거다. 내가 매일 먹는 밥과 된장국, 생선구이는 엄마에겐 '요리'라 할 수 없었다.

엄마는 언제나 좀 더 멋지고 세련된, 매일 다른 요리를 만들려고 노력했다. 그걸 부정하는 건 엄마를 부정하는 거라는 걸 지금에야 깨달았다.

그런 거였구나!

문제는 여기에 있는 게 아닐까?

성실하고 노력파였던 엄마는 집안일을 너무 굉장한 것으로 만들어놓았다. 물론 우리 가족 때문이기도 하다. 우리는 늘 엄마의 '완벽한 집안일'을 기대했다. 매일 맛있는 식사를 하고 물건들이 늘 있어야 할 곳에 잘 수납되는 것을 당연한 것으로 받아들였다.

결국 문제는 집안일 그 자체가 아니라 비대해진 우리의 욕망이 아니었는지.

마지막까지 밝고 활기차게 살기 위하여

만일 우리의 생활이 좀 더 소박했다면 필요 최소한의 물건을 소유하고 필요 최소한의 것을 먹고, 필요 최소한의 공간에서 생활하고 있었다면 집안일은 훨씬 단순하고 편했을 게 분명하다. 매일 기본적인 요리를 만들어 먹고 매일 최소한의 빨래를 하고 매일 작은 공간을 빗자루로 싹싹 쓸기만 해도 집 안이 말끔하게 정돈되는 소박한 생활을 했다면 엄마는 좀 더 오래 집안일을 어렵지 않게 해내고 자신의 인생을 자신의 힘으로 살 수 있었을 것이다. 할 일을 한다는 긍지와 충실감을 가지고 살지 않았을까.

이것은 치매라는 특정 질병에 국한된 문제가 아니다.

결국 치매란 '급격한 노화'로, 병에 걸리든 걸리지 않든 우리는 언젠가는 죽는다. 그때까지 우리는 하던 일을 하나씩 할 수 없게 된다. 그런 가운데 슬픔이나 한심함에 짓눌리지 않고 마지막까지 어떻게 적극적으로 밝고 활기차게 살아갈지를 열심히 고민해 봐야 한다. 그것이 '인생 100세 시대'를 살아가는 우리의 숙제가 아닐까.

그러니 엄마의 문제는 내 문제이기도 하다. 엄마는 나의 선배이자 스승이었다. 나는 대체 어떻게 나이 들면 좋을까?

나는 앞으로의 나의 생활에 대하여, 집안일에 대하여 다시금 생각하게 되었다.

CHAPTER 5

노후를 구원하는 '편한 집안일'

과학이나 돈으로는 해결할 수 없다

사람은 누구나 늙는다. 이제껏 할 수 있던 능력을 하나씩 잃어간다. 유감스럽지만 현대인이라면 누구도 피할 수 없는 현실이다. 부자든 대통령이든 관계없다.

과학이 해결해줄까? 유감스럽지만 그것도 가망성이 거의 없다. 오히려 의료의 발달로 문제는 더욱 심각해지고 있는 게 아닐까. 의료가 초래한 인생 100세 시대는 '젊음의 연장'이 아니라 그야말로 '늙음의 연장'이다. 질병, 쇠약, 무력해질 따름이라는 괴롭고 슬픈 시간이 오래도록 연장된 시대를 우리는 이를 악물고 살아가야만 한다.

이런 이유로 당연히 모두 그것에 두려움을 느낀다.

그러나 내게는 이렇다 할 해결책이 보이지 않는다. 기껏해야 이런저런 건강법을 추천하거나 돈을 모아 극복하자는 투자나 저축을 호소한다. 이런 것들이 전부 소용없는 것은 아니지만, 아무리 건강에 신경 써도 병에 걸릴 때가 있다. 오래 살면 살수록 오히려 치매에 걸릴 확률이 높아진다. 그런 이유로 유감스럽게 본질적인 해결책이라고 할 수 없다.

돈의 힘도 역시 만능이 아니다. 예컨대 자산 형성에 성공하여 노후를 고급 실버타운에서 보내며 극진히 보살핌을 받는다고 행복할까? 어제까지 할 수 있었던 것을 오늘은 할 수 없다. 자신이 자신이 아니게 되어간다. 누구에게도 필요하지 않은 존재가 된다. 이런 나이 듦의 본질적인 슬픔은 화려한 것들에 둘러싸인 멋진 침대 위에서 지낸다고 치유되는 게 아니다.

아, 대체 어떻게 하면 좋을지 몰라 우두커니 선 우리.

나이 듦이 두려운 건 '살아가는 방식'이 잘못되어서

내게 힌트를 준 것은 아이치현愛知県의 공무원으로 치매 문제와 싸우던 곤도 마코토 씨였다.

그는 엄마의 치매로 온 가족이 힘들어하던 때, 쉼 없이 진행되는 증상 악화에 뒤통수를 맞은 듯 충격을 받고 압도적인 무력감 속에서 우연히 서점에서 집어 든 『치매와 싸우지 마세요』의 저자였다.

당시 나는 계속 치매와의 싸움에서 지고 있었다. 거기에서 어떻게든 헤어 나오고 싶었다.

아무리 작은 것이라도 좋으니 내가 할 수 있는 발전적인 무엇인가를 원했다. 여하튼 치매에 관한 정보로 유일한 '긍정적인' 것이라면 자신을 부정하지 않고 지켜보는 것, 현실을 받아들이는 것이다. 물론 그것도 매우 중요하다. 하지만 날로 증상이 악화하는 견딜 수 없는 현실에 찢긴 마음을 숨기고 얼굴에는 억지웃음을 짓고 받아들인다. 그런데 나는 그런 것에 견딜 만큼 훌륭하지 않았다. 어떻게 하든 마음이 황폐해져만 갔다.

패배해도 상관없다. 그러나 '받아들이는' 것 이외에 어디를 향해 나아가면 빛이 보일지 알 수 없는 상황이 몹시 힘들었다. 내겐 '긍정적인 목표'가 필요했다. 실제로 가능할지 아닌지는 별개 문제로, 이 세상 어딘가에 작아도 분명한 희망이 있다고 믿었다.

그리고 내게 그 희망을 준 것이 그였다.

그는 치매였던 아버지를 간호한 경험과 후회를 가슴에 담고 환자를 중심에 둔 지원을 철저히 생각했다. 흔한 '이렇게 하면 좋아진다'는 식의 안이한 희망을 이야기하지 않는다. 나이를 먹으면 몸도 머리도 쇠약해지는 건 당연하다고 말한다. 그리고 어째서 치매가 이토록 괴로운 병인지 그 근본을 파헤친다.

그 의외의 단면에 나는 눈을 부릅떴다. 그는 치매를 무서운 병으로 만드는 것은 우리의 생활에 원인이 있다고 지적한다.

쉬지 않고 책을 읽어 내려가던 나는 책 속에 소개된 '수녀 연구Nun Study'라는 미국의 연구에 주목했다.

나이 들어도 치매 걱정이 없는 이들의 생활

이 연구는 미국의 데이비드 스노든 박사가 집단생활을 하는 600명이 넘는 수녀들을 대상으로 대체 어떤 요인이 뇌의 질병을 일으키는지, 뇌와 노화의 관계를 조사, 연구한 것이다.

내가 놀란 것은 수도원에는 100세를 넘겨도 머리가 맑은 수녀가 많은데 사망 이후에 뇌를 해부한 결과 뇌는 또렷이 알츠하이머 병변이 나타나 있었지만, 현실에는 치매가 발현하지 않았던 경우도 있다는 대목이었다.

왜일까? 아직 확실한 것은 알지 못한다. 그러나 많은 환자나 그 가족과 관계해온 그는 이렇게 생각했다.

연령이 더해갈수록 신체 이곳저곳에 이상이 나타나는 것은 당연하다. 뇌도 마찬가지다. 그러나 집단 속에서 자신이 할 수 있는 일은 수행하면서 변화가 적은 환경에서 몇십 년간 생활하면 비록 치매에 걸려도 생활하는 데 지장을 초래하는 일은 적지 않을까.

그런데 수녀들은 그 같은 생활을 하고 있다.

'집단 속에서 자신이 할 수 있는 일을 착실히 수행하면서 변화가 적은 환경에서 몇십 년이고 생활하고 있는' 것이다.

과연 그렇구나. 그리고 엄마를 생각했다. 엄마는 수녀들과는 정반대의 환경에 있었다.

풍요가 빼앗은 '단순함'

고도성장 시대의 전업주부였던 엄마는 사회가 점차 풍요로워지는 가운데 우리 가족의 생활도 점차 풍요롭도록 늘 애썼다. 우리 집에는 하나둘 새로운 기기가 들어왔다. 부엌에는 3구 가스레인지와 오븐이 설치되었고 냉장고도 점차 커졌다. 그러는 가운데 엄마는 요리책을 사 와 과감하게 새로운 요리에 끊임없이 도전했다. 또한 집 안 어딘가에서는 가족들의 물건이나 옷가지가 끝없이 늘어나고 성실한 엄마는 그것들이 있어야 할 곳에 말끔히 수납하고 깨끗하게 청소했다.

결국 우리 집의 생활은 '변화가 적기'는커녕 어디까지나 확대에 확대를 거듭하며 끝없이 변화했다. 그건 가족 모두가 바란 결과다. 우리에게 변화와 확대만이 선이고 풍요였고, 그걸 멈추는 것은 패배요, 악이었다. 그리고 엄마는 오롯이 혼자 그 모든 변화를 받아들이고 복잡해진 집안일을 해왔다.

그 '풍요'가 치매를 계기로 돌변해 무서운 적으로 엄마를 엄습해왔다는 사실은 앞에서 말한 대로다.

그것은 치매인 엄마가 하기에는 너무 복잡한 임무였다.

요리나 청소는 엄마 인생의 중요한 부분으로 삶의 보람을 선사하는 역할로 몸에 익은 리듬이었음에도 그것을 할 수 없게 되면서 엄마는 자신을 빼앗겼고 행동 범위도 점차 좁아졌다.

그뿐만이 아니다. 사회는 급속히 진화하는 가운데 어느 사이엔가 엄마는 집단 속에 있을 수도 없었다.

편리가 고독을 낳는다

우리 자매가 사회인이 되어 집을 떠나자 집에는 나이 드신 부모님만 덩그러니 남았다. 도심지 맨션이라 편리한 생활권이었고 집안에는 모든 게 갖춰져 있었지만, 밖으로 나가면 의지할 이웃 하나 없었다. 그 사실을 엄마가 병으로 쓰러진 후 비로소 알아차렸다.

경제성장의 끝에 우리가 손에 넣은 '편리한 생활'은 뒤집으면 '고독한 생활'이었다.

옛날에는 그렇지 않았다. 옛날 사람은 훌륭했다는 이야기가 아니다. 불편함이 부정되지 않았고 조화롭게 살았다. 수도시설이 갖춰져 있지 않아 우물가에 모여 서로의 생각을 나누었고 집에도 욕실이 없어 대중목욕탕에서 알몸으로 돈독하게 친목을 다졌다. 냉장고가 보급되기 전에는 반찬을 나눠 먹는 건 당연했다. '공동체 형성'을 대대적으로 부르짖지 않아도 누구나 숨 쉬듯이 이웃과 교류했다.

그런데 지금은 촌스러운 상부상조는커녕 약간의 대화를 나누는 데도 컴퓨터나 스마트폰으로 끝내는 시대다. 문득 정신을 차리고 보면 그것을 사용하지 않으면 친구의 네트워크에서도, 아이와 손자와의 대화에서도 소외되어 있다. 우리는 편지를 그리워하지만 어느 사이엔가 편리가 우리를 지배하게 되었다.

엄마는 평생 메일을 사용하지 못했다. 치매라는 걸 알기 전부터 아버지는 어머니에게 메일 사용법을 가르치기 위해 질책도 하고 격려도 하면서 무진장 애를 썼지만 곧 포기하고 말았다(그 무렵 이미 엄마의 치매가 진행되고 있었다).

더 나은 삶을 위해 내내 노력해온 끝에 느꼈을 엄마의 고독감을 생각하면 뭐라 형용할 수 없는 감정에 가슴이 먹먹해진다.

늙으면 점점 소외된다?

오늘날 새로운 기술에 따라갈 수 없는 노인은 젊은 세대에 당연한 듯 분노를 느낀다.

얼마 전까지 그런 일은 없었다. 나는 어린 시절 할아버지 할머니가 너무 좋았다. 해주신 요리, 입는 옷, 할아버지 할머니의 어릴 적 추억담, 하나같이 진심으로 흥미진진했다. 그 무렵엔 아직 모든 게 천천히 진행되고 있었다. 할아버지 할머니가 살아가는 세계와 내가 살아가는 세계는 이어져 있었다. 두 분이 축적해온 경험은 어린 나에게는 빛나는 보물산이었다. 따라서 틈만 나면 놀러 가 바닥안에 넣어 만든 호리고타쓰에 들어가거나 전기난로에 떡을 구워 먹으며 집에서 직접 만든 매실주스를 마시는 게 정말 좋았다.

엄마에게 그런 옛날이야기를 하면 "할아버지 할머니도 몹시 즐거우셨을 거야"라며 진심으로 말했다. 역시 엄마는 고독했던 거다.

그리고 그건 분명 엄마만 그런 게 아니다.

지금 할아버지 할머니와 손주는 전혀 다른 세계를 살고 있다. 노인은 스마트폰 화면 속 젊은 사람들이 무엇을 고민하고 무엇을 사랑하며 어떤 것을 꿈꾸며 사는지 명확히 알지 못하는 게 분명하다. 노인만이 아니다. 솔직히 나도 잘 모른다. 그것은 젊은 사람 입장에서도 마찬가지다. 그들이 보기에 스마트폰도 제대로 사용하지 못하는 노인들은 완전히 미스터리로, 흡사 실러캔스 같은 존재가 아닐까?

옛날은 그렇지 않았다. 불편한 시대란 '경험이 이야기를 만드는 시대'이기도 했다. 절임 같은 보존식 만들기도 빗자루나 걸레의 사용법도 불편한 가운데 부모에서 자녀로 이어져 내려온 오랜 지혜의 집적이다. 따라서 옛날엔 노인이 존경을 받았다. 사람은 그저 오래 살았다는 이유만으로 인정받는 존재가 될 수 있었다.

그런데 지금은 무엇이든 기계에 맡긴다. 그러면 노인의 경험 같은 걸 누가 필요로 할까? 그렇게 생각하면 현대의 노인은 실로 독특한 환경에 놓여 있다! 좀 더 앞으로, 좀 더 위로, 좀 더 풍요롭게, 좀 더 편리하게 변화하는 사회에서 노인을 점차 뒤처지고 소외된다. 그리고 '집단 속에서 자신의 역할을 착실히 수행'하기는커녕 못하는 일이 늘어나는 노인은 고립되고 쓸모없고 남에게 폐만 끼치는 인간처럼 된다.

스스로 할 수 있는 일이 있다면

한편 미국의 수녀들은 놀랍게도 나이가 들어 알츠하이머가 되어도 활기차게 생활했다. 그것은 그녀들이 '집단 속에서 자신이 맡은 일은 착실히 하면서 환경적 변화가 적은 생활을 오래도록 이어왔기' 때문일지 모른다고 전문가는 이야기한다.

서로 도우면서 익숙하고 단출한 생활을 이어감으로써 그녀들은 인생의 마지막까지 '혼자서 할 일'을 손에 넣었다. 그렇게 나이를 먹고 '스스로 할 수 있는 일'이 있다면 아무리 쇠약해져도 사람은 적극적으로 살아갈 수 있다.

그런 식으로 생각하니 캄캄한 암흑 속 명확하게 빛이 보인다. 그리고 이대로는 안 된다는 어떻게든 행동해야 한다는 결의 같은 것이 마음 밑바닥에서 샘솟는다.

일본 후생노동성은 2025년에 65세 이상의 고령자 5명 중 1명이 치매가 될 것이라는 통계를 발표했다. 나는 물론 그 누구도 남의 일이 아니다. 물론 치매 같은 거에 질리지 않아도 나이를 들면 몸도 머리도 쇠약해진다는 사실에서 이 세상 누구도 자유롭지 못하다. 후생노동성의 통계에 의하면 장수하는 사람이 증가함에 따라 건강수명과

평균수명의 격차도 벌어지고 있다. 남자는 9년, 여자는 12년을 '건강하지 못한 상태'로 살아야 하는 게 현실이다.

결국 우리는 '오래도록 자유롭지 못한 노후'를 어떻게 살 것인지를 진지하게 생각해야 하는 시대에 있다.

따라서 이대로 멍하니 '풍요'롭고 '편리'한 세상에 몸을 맡기는 게 얼마나 위험한지 뼈저리게 느낀다.

사용하지 않는 것은 쇠퇴한다

그런데 우리의 이 풍요에 숨겨진 위험은 그뿐만이 아니다. 곤도 씨는 이런 무서운 지적도 하고 있다.

사용하지 않는 것은 쇠퇴한다. 몸도 머리도.

그래서 현대의 우리 생활은 어떠한가? 편리를 추구한 결과, 지금까지 인간이 해오던 일을 점차 기계에 맡기게 되었다. 손으로 청소하지 않고 걷지도 않으며 글씨도 쓰지 않는다. 머릿속 기억을 떠올리기보다는 스마트폰을 꺼내 검색창을 연다. 결국 몸도 머리도 무서운 기세로 사용하지 않게 되었다.

사용하지 않으면 쇠퇴한다.

치매 환자가 증가하고 있는 건 이런 환경과 무관하지 않다.

몸서리칠 만큼 두려운 일이다. 그렇다면 끝없이 '편리'를 추구해온 지금의 사회는 치매 환자를 급속히 증가시키는 사회라는 것인가? 두려움에 떨며 주위로 둘러보니 어처구니없게도 이미 큰일이다 싶다.

똑똑한 가전제품이 나날이 고도화되어, 마치 두뇌 같은 게 있는 듯 보이는 로봇 청소기에 온도, 습도도 헤아려 자동으로 설정해주는 에어컨에 어떤 품목을 사야 하는지 쇼핑리스트를 작성해주는 컴퓨터는 내 생활 패턴까지 고려한다. 결국은 인간이 일일이 생각하고 행동하지 않아도 뭐든 '훌륭하게' 해주는 제품이 끊임없이 판매되고 있다.

우리는 지금 몸뿐 아니라 머리도 사용하지 말고 그냥 편하게 있으라는 유혹이 난무하는 세상 속에서 살고 있다. 그렇게 물건이 팔리고 경제가 돌고… 그러면 모두가 행복한 걸까?

나는 도저히 동의할 수 없다.

어떤 의미에서 우리는 국가 차원에서 '치매 환자 증가 계획'을 차근차근 진행하고 있는 게 아닐까. 치매에 걸리는 게 두렵다며 노후 불안을 호소하면서 사실은 스스로 부지런히 늙고, 부지런히 병을 만들고 있는 우리.

그런 눈으로 세상을 보면 모든 게 이전과는 달리 보인다.

편리, 편리를 끊임없이 재잘대는 광고가 마치 나를 빠뜨리려는 함정처럼 보인다.

더 편리한 생활을 제안하는 잡지도 매력적으로 느껴지지 않았다. 레벨업을 지향할 때가 아니다. 앞으로 나이 듦에 따라 분명히 필요한 것은 '변화가 적은 생활'이다.

맞다. 나의 목표는 '수녀 같은 생활'이다.

마음껏 사치스럽게 지내던 생활에서 대전환

상상해본다. 수녀처럼 아무것도 없는 작고 청결한 방에서 매일 똑같은 소박한 음식을 먹고, 매일 같은 옷을 입으며 살아간다. 편리에 의존하지 않고 제 손과 머리를 써서 내일도 모레도 집안일을 한다.

그런 삶이 과연 패배일까? 시시한 생활일까? 무리하지 않고 기 쓰지 않고 내 손이 닿는 범위에서 내 분수에 맞는 생활을 한다. 사치나 편리에 익숙한 내가 '그것으로 충분하다'고 진심으로 생각할 수 있을까?

그리고 여러 사정으로 실제로 그 같은 생활을 시작했다.

무슨 일이 일었는지는 지금까지 이야기한 바와 같다.

물론 쉽게 진행된 것은 아니다. 누구든 일단 손에 쥔 것을 놓기란 쉬운 일이 아니기 때문이다. 그러나 갖가지 우연들이 겹쳐 나는 마음껏 누리던 사치스러운 생활에서 물건을 버리고 집을 버리고 월급을 버리고 단숨에 수녀처럼 작은 생활로 돌입할 수밖에 없었다.

그랬더니 믿기지 않는 일이 일어났다.

그것은 시시하고 재미없는 생활이 아니라 최고의 생활이었다. 아니 '최고'라는 말로는 부족하다. 그런 세계가 이 세상에 있다니, 반세기를 살아오며 상상조차 하지 못한 압도적인 생활이었다. 이리하여 순식간에 이성적인 의식주가 덩굴째 손안으로 들어왔다.

포기 후 손에 넣은 최고의 의식주

몇 번을 이야기했지만 중요한 것이라 새로운 마음으로 다시 한번 이야기한다.

우선은 아름다운 집에서 살고 있다. 아무것도 없는 작은 원룸(수녀 같은 방!)에서 살기 시작하고 그만큼 집안은 90퍼센트가 늘 정리되어 있다. 청소를 싫어하는 나도 인생에서 처음으로 마치 호흡하듯이 무리하지 않고 매일 집안을 철저히 청소하게 되었다. 이렇다 할 노력 없이 365일 24시간 깨끗하게 정돈된 방에서 생활하는 인생 첫 사태가 발생한 것이다.

그리고 진심으로 맛있다고 생각하는 식사를 한다. 냉장고를 없애고 에도 시대처럼 '국, 구이, 절임'의 소박한 식사를 매일 먹게 되었다. 그랬더니 질리기는커녕 그 식사가 너무 즐거워 웬만한 외식은 하고 싶지 않다. 태어나서 처음으로 가장 좋아하는 음식을 발견했다는 걸 깨달았다.

그리고 단출한 옷가지들. 옷도 대담하게 정리하여 가장 어울리는 옷만 남겼다. 그 결과, 매일 내게 가장 어울리는 옷만 입고 있다. 무엇을 입을까 고민하는 시간도 없고 옷을 수납할 공간도 필요하지 않다. 장점뿐이다.

인생 첫 이웃 사귀기

게다가 나의 세계는 생각지 못한 방향으로 확대되기 시작했다.

'이것으로 충분하다'는 걸 알면 '이것도 저것도' 원하는 탐욕스러운 마음도 사라진다. 느긋하게 주위 사람에게 바라볼 마음의 여유가 생기고 나는 인생 첫 '이웃 사귀기'를 하게 되었다.

그렇다고 특별한 것을 하는 게 아니다. 이웃 가게에서는 기분 좋게 세상 돌아가는 이야기를 나누고 공원의 해가 잘 드는 곳에 앉아 있는 이웃에게 '안녕하세요'라고 방긋 웃으며 인사를 나눈다. 혼자 먹기에 많은 양의 음식물을 받으면 이웃과 나눠 먹는다. 이것이 여러 차례 쌓이면 굉장한 것이 된다. 어느 사이엔가 마당에서 핀 꽃이나 과일을 나눠 받거나 카레나 밥을 나눠 먹는 게 당연해진다.

독신인 내게는 함께 생활하는 가족은 없지만 마치 '거대한 가족' 속에 지내고 있는 것 같다. 나는 생활을 간소하게 만든 결과 어느 사이엔가 집단 속에서 살아가게 되었다.

결국 환경을 정리하고 불현듯 정신을 차리고 보니, 집

단 속에서 확실히 내가 할 일을 하면서 환경의 변화가 적은 삶을 7년 정도 이어오고 있었다.

수녀 같은 생활로 얻은 안심

그렇다, 나는 '수녀 같은 생활'로 전환하는 데 성공했다.

그리고 이 작고 간단하고 즐거운 생활이라면 제법 나이를 먹어도 언제까지든 잘 살아갈 수 있게 되었다.

뭐가 뭔지 모를 수많은 버튼이 달린 복잡한 도구를 일절 사용하지 않고, 내일도 모레도 걸레나 빗자루, 작은 난로와 대야라는 원시적인 도구를 사용하여 매일 똑같은 일을 척척 해낸다. 이런 생활이라면 다소 치매가 와도 몸에 익은 습관을 간단히 잃지는 않을 것이고 오랫동안 내 힘으로 생활할 수 있지 않을까.

게다가 몸을 움직이고 오감을 작동시키는 것 자체가 나를 생동감에 넘치게 되살려 놓는다. 그렇다. 기계에 의지하지 않고 손으로 하는 집안일은 생각 외로 즐겁다. 걸레로 바닥을 닦았더니 걸레가 까매지고 그것을 차가운 물로 비누 향을 맡으며 조물조물 빤다. 그러면 물이 까매지고 걸레는 다시 하얘진다. 이것만으로 마음이 개운하고 날 듯이 청량해지는 '오락'이다. 마치 어린아이의 흙장난 같다.

집안일이 노후를 지켜준다

어린 시절 이래 내내 잊고 있던 감각이 되살아난 듯하다. 나는 지금 편리에 빼앗겼던 '자신'을 매일 조금씩 회복하고 있구나. 오랜 세월 사용하지 않아 완전히 퇴화된 감각을 먼지를 일일이 손으로 닦으며 다시금 작동시키는 것이다. 할머니가 되어가는 길목에 서 있지만 하루하루 조금씩 젊어지는 기분이랄까.

그래, 이걸로 충분하지 않을까?

그리고 이런 살림천국에서 살다 보니 집안일의 양상이 달라졌다. 처음엔 귀찮고 돈도 되지 않는데다 해도 해도 끝이 나지 않는 집안일이 인생에서 사라졌으면 하고 바랐다. 그랬는데 지금 내게 집안일이란 나를 지켜주는 '부적' 같은 게 되어버렸다.

이 살림천국의 생활을 이어가기 위해서는 지금 생활의 규모를 키우고 복잡하게 만드는 일은 절대 금지!

그걸 잘 알기에 하찮은 물욕이나 식욕, 편리욕에 전혀 마음이 휘둘리지 않는다. 결국 집안일만이 앞으로의 나의 미래(노후)를 파괴하는 최강의 적인 '욕망'으로부터 나 자신을 지키는 길이다. 따라서 집안일은 '변화' '진화'에 얼결에 휩쓸리지 않게 지켜주는 부적이다.

더욱더 단순한 생활

물론 장차 무슨 일이 일어날지는 아무도 모른다.

곧 환갑인 나도 앞으로 나이를 먹으면 지금은 하지만 못하게 되는 일이 생길 것이다. 그러면 그때는 나의 생활은 한층 단순하게 만들면 될 것이다. 소유물을 줄이고 식사도 더욱 단순화하고 좀 더 작은 방에서 생활하면 집안일도 더욱 편해진다. 이웃 사람들과도 서로 돕고 지낸다. 그렇게 더욱 자신을 작게 만들고 그 안에서 마지막까지 내가 할 수 있는 일을 열심히 하고 그 결과로 '나를 다 쓰고 죽는'(곤도 마코토 씨의 지당한 말씀) 게 현재 나의 계획이고 목표다.

이상이 내가 혹독하고 긴 노후를 살아야 하는 여러분에

게 '간소한 집안일이 가능한 생활(=수녀 같은 생활)'을 마음으로부터 전하는 이유다. 여기에 성별의 차이는 없다. 편리에 휩쓸리지 않고 간소하게 자립적으로 살아가는 것, 자신이 갖춘 힘을 한껏 발휘하고 타인과 도움을 주고받으며 살아가는 것, 그럴 수만 있다면 노후나 재해, 질병도 차분하게 극복할 수 있지 않을까?

뒤집어 말하면, 이 같은 경지에 이르지 못하는 경우 남자든 여자든 불확실하고 혹독한 '100세 시대'를 어떻게 살아낼지 몹시 의심스럽게 생각하는 요즘이다.

나의 집안일 도우미들

내 일은 스스로 한다는 것이 나의 방식이자 주장이다. 결국 그것이 가장 틀림없는 '안심'을 안겨준다. 무엇이 어떻게 될지 모르는 세상에서 흔들림 없이 의지할 수 있는 것은 아무리 생각해도 '자신'뿐이다. 스스로 자신의 기본적인 생활을 해결할 수 있다면 어떤 심각한 일이 일어나도 어떻게든 진취적이고 활기차게 살아갈 수 있다. 그러나 찬찬히 나를 둘러보니 의외로 타인의 손을 빌리는 경우가 많았다.

그러는 동안 지금의 '간소한 집안일이 가능한 생활'이 성립되는 것은 타인의 손을 빌린 덕분이라는 사실을 문득 깨달았다.

예컨대 나는 집 목욕탕을 사용하지 않고 근처 대중목욕

탕을 이용하는데, 무엇이 좋은가 하면 '목욕탕 청소를 하지 않아도 된다'는 것이다. 커다란 욕조에 뜨거운 물을 받아놓고 매일 나를 기다리고 영업을 마치면 윤기 나게 청소한 후 다음 날도 나를 기다린다. 나는 정기권을 손에 들고 여유롭게 욕조에 몸을 담그러 간다. 그래서 최고다! 욕실 청소는 끝이 없는 중노동이다. 아무리 청소해도 곧 곰팡이가 핀다. 사실 매일 청소해야 하는데 그게 너무 힘들다. 게다가 욕실 청소는 머릿속에 '현안'으로 끊임없이 남아 찜찜하게 나의 인생을 지배한다. 그 응어리에서 해방된 나! 아, 대중목욕탕에 갈 수 있어 감사할 뿐이다.

그뿐만이 아니다. 지금 나는 집에서 튀김 요리를 하지 않는다. 1국 1반찬이라는 10분 요리 생활에서 그런 '엄청난' 요리는 생각만으로 장벽이 너무 높아 아찔하다. 크로켓이 먹고 싶으면 근처 정육점에 가서 한 개 90엔짜리 막 튀겨낸 것을 후후 불어가며 먹는다. 아, 정말 뭐든 전문가가 만드는 게 최고다. 튀김의 프로가 만든 튀김이기에 정말 맛있다. 아, 정육점 사장님 고맙습니다!

아직 또 있다. 화력이 승부처인 중화요리는 휴대용 가스버너로 만들 수 없어 포기했던 나를 구원한 건 근처 중국집! 채소볶음과 교자, 따끈한 고량주를 곁들여 마시는 게 내 일상의 사치다. 중화요리 외길 60년을 살아온 사장님이 요리하는 모습을 볼 수 있어 최고다. 게다가 맛도 최고니, 정말 감사하다.

하나 더 꼽자면 근처 두붓집에서 만들어 파는 두부와 유부가 있다. 가볍게 데우거나 구워서 먹을 수 있어 정말 감사하다. 나의 1국 1반찬 생활은 이 두붓집 덕분에 성립할 수 있었다.

이런 식으로 보면 아무리 생각해도 현재 나의 간소한 집안일 생활은 매일 타인의 손을 빌리기에 성립된다.

그러면 '자기 일은 스스로 한다'는 주장과 모순되는 게 아니냐고 묻는 사람도 있을 법하다. 결론부터 말하면, 모순되는 듯하지만 그렇지 않다. 남에게 자신의 집안일을 '맡기는' 것도 사실은 훌륭한 집안일이 아닐는지.

나는 계속해서 나이를 먹는다. 자기 일은 스스로 한다는건 마지막까지 소중히 여길 생각이지만, 언젠가는 타인의 힘을 빌려야 할 때가 온다. 물론 나이를 먹지 않아도 인생은 무슨 일이 일어날지 알 수 없다. 따라서 타인의 손을 빌리는 것은 피해야 하거나 부끄러워할 일은 아니다. 오히려 남의 손을 잘 빌리는 것은 죽을 때까지 자립적으로 살아가는 데 필수적인 것이 아닐까.

중요한 건 '빌리는 방법'이다. 현명하게 빌려야 한다.

서투르게 빌리면 인생을 망칠 수 있다. 남편이 아내에게 집안일을 떠넘기듯 넘기고 대접받는 것을 당연하게 생각하면 주위에서 차가운 시선을 받기 쉽다. 하물며 아무것도 못 하는 무능력한 사람으로 치부되기 쉽다. 혼자가 된 순간 '돈' 이외에 의지할 게 없다. 그것은 결단코 피해야 한다.

그렇다면 현명하게 빌리는 방법은 무엇일까?

타인에게 도움을 받으면 감사하는 마음을 가진다. 가능한 범위에서 답례한다. 정말 쉽지 않은가. 그래도 잘할 수 있는지가 관건이다.

예컨대 정육점에서 크로켓을 살 때도 '돈을 지불하고 산다' '고객은 왕이다' '돈 받고 파는 것이니 맛있는 음식을 내는 게 당연하다'고 생각한다면 집안일을 아내에게 모두 떠넘긴 남편과 다를 바 없다.

과거의 내가 그랬다. 나는 돈이 있으면 무엇이든 손에 넣을 수 있다고 믿었던 황금만능주의 회사원이었다. 반찬을 사거나 외식할 때마다 돈을 내고 정당한 서비스를 받는 것이라고만 생각했다. 그래서 고맙지 않았고 오히려 비싸다거나 맛없다는 식으로 불평했다. 슈퍼마켓의 두부는 90엔인데 왜 두붓집 두부는 150엔인가? 경영 노력이 부족한 게 아닌가? 그런 식으로 생각했다.

그러나 회사를 그만두고 월급에 기댈 수 없게 되고 밖에 의존하는 생활이 되고서야 비로소 타인의 도움으로 내가 어떻게든 '살아지고' 있다는 감각이 생겼다. 아니, 실감했달까. 모든 일에 감사하게 되었다. 평범한 쇼핑이 내게 최고의 튀김을 대신해서 만들어주었다. 혹은 최고의 목욕물을 대신하여 데워주었다. 혹은 이른 아침부터 대신하여 두부를 만들어주었다. 결국 나의 집안일 중 일부를 대신해주어 너무너무 고맙습니다! 그렇듯 모든 일들에 일일이 감사하게 되었다.

그러자 나의 모든 행동이 변했다. 물건을 받을 때 자연히 미소 짓고 매번 "감사합니다"라는 말이 나왔다. 조금 친해지면 "이걸로 오늘 반찬 완성! 빨리 집에 가서 먹고 싶네요!"라는 말이 절로 나왔고, 그때는 상대도 방긋 웃어준다. 결국 나 나름의 '보답'을 하게 되었다.

그러자 가게 주인도 내 얼굴을 익히고 나를 볼 때마다 환하게 웃으며 친하게 이야기를 나누게 되었다. 때때로 덤도 받았다. 그렇게 이웃이 생겼다.

내 일은 내가 한다. 하지만 사람은 역시 혼자서는 살아갈 수 없다.

서로 도움을 주고받는 관계로 살아간다. 그것은 가족이든 아니든 상관없이 필요하고 중요한 일이다. 그것이 가능할 때 비로소 진정으로 자립할 수 있다. 각자 자신의 일을 하고 남을 돕고 도움을 받으며 살아간다. 그것이 '관계'다. 그런 관계가 있다면 비록 혼자 살아도 인생의 마지막까지 '자립하여' 살아갈 수 있지 않을까. 서로 도우면서 말이다. 인생 100세 시대, 그것도 살림 능력이 아닐까.

CHAPTER 6

물건 정리가 답이다

나는 내가 돌본다

여기까지 우리의 인생을 구원할 간소한 집안일의 효능에 대하여 힘주어 이야기했다.

욕망에 따라 살면 생활이 점차 복잡해지거나 누군가에게 집안일을 떠넘기고 자신을 돌보는 것을 소홀히 하게 된다. 하지만 그것을 단호히 멈추고 단시간에 끝낼 수 있는 간소한 집안일 생활을 익히면 해결책이 보이지 않던 인생의 난제들이 차례로 해결될 것이다.

여기서 '그렇다면 나도 해보자!'라고 마음먹은 사람이 한 사람이라도 있다면 지금까지 이야기한 보람이 있을 것 같다.

그래서 지금부터는 그런 기특한 분들을 위한 구체적인 안내를 해보려 한다. 여기서 말하는 '간소한 살림살이'란 가족 누군가에게 집안일을 떠넘기거나 가사 대행 서비스에 돈을 내고 맡기는 것이 아니다.

자신의 뒤치다꺼리는 자신이 하는 게 기본이다.

남자도 여자도 아이도, 옷을 입고 밥을 먹으며 숨을 쉬듯이 자신의 일을 처리한다. 양치질하지 않으면 찝찝하듯 게으름을 피우면 언짢아진다. 그런 경지에 이르면 무엇이 집안일이고 무엇이 아닌지 그 경계가 모호해진다. 그러면 남에게 떠넘기지도 떠안지도 않는다. 이것이 이 책의 목적이다.

그렇게 되면 그저 인생이 편하기만 한 게 아니다.

사람이 살아가는데 무엇이 가장 괴로운가 하면 그런 무력감이 아닐까? 손쓸 엄두도 나지 않아 꼼짝도 할 수 없어 아무것도 하지 못하는 무력감을 느끼며 살아가는 사람이 얼마나 많은가.

아무리 힘든 일이 있어도, 이를테면 미운 상사에게 눈총을 받아 매일이 지옥이거나 사소한 실수로 친구에게 무시당하거나 부모가 이혼하거나 육아를 방임하거나 나이가 들어 세상의 변화를 따라가지 못해 깊은 외로움을 느낀다고 해도, 자신이 자신을 위하여 할 일이 있다면, 즉 맛있는 음식을 먹고 말끔히 치워진 방에서 지내고 마음에 드는 옷을 입고 생활하는 것을 자신의 힘으로 분명히 해낼 수 있다면 나는 아직 괜찮다고 안도한다. 확실히 땅에 발을 딛고 살아간다는 조용한 실감이 마음 깊은 곳에서 샘솟는다.

그것이 바로 지금의 나다.

언짢은 일이 있을 때는 모든 게 생각처럼 되어가지 않을 때, 왠지 불안을 느낄 때, 그저 조용히 바닥을 닦는다. 5분 후에는 바닥도 그늘진 내 마음도 반짝인다. 이 얼마나 쉽고 빠르며 확실한 해결법인가! 자, 그 분명한 희망을 하나하나 획득하자! 괜찮다, 간단하니까! 누구라도 할 수 있으니까!

물건 정리를 하지 않으면 아무것도 시작되지 않는다

자, 드디어 첫 번째 레슨이다.

물론 내가 다른 사람에게 집안일을 가르칠 만큼 집안일

에 특기가 있는 사람은 아니지만 중요한 것은 그런 나도 지금은 놀라우리만치 단시간에 어려움 없이 쉽고 즐겁게 집안일을 해내고 있다는 사실이다.

과연 어떻게 그것이 가능했는지 이제 하나씩 이야기해 보려 한다.

먼저 할 일은 획기적인 요리를 익히는 것도 청소 노하우를 배우는 것도 아니다. 첫째도 둘째도 '물건 정리'다. 좀 더 정확히 말하면 필요하지 않은 물건을 처분하는 것이다.

나의 간소한 집안일 생활로 가는 길은 바로 여기서 시작되었다.

그리고 시작이 곧 끝이다. 결국엔 귀찮은 집안일이 순식간에 흔적도 없이 사라진다.

간소한 집안일 생활의 핵심은 '물건 정리로 시작해 물건 정리로 끝난다'라고 해도 과언이 아니다.

앞에서 하나씩 이야기하겠다고 했지만, 이 말을 정정해야겠다. 해야 할 것은 단 하나, 물건 정리다. 이것을 '맨 처음에' 해내는지가 승패를 좌우한다!

여기는 상당히 강조할 포인트가 있다.

무엇보다 진행 순서가 중요하다. 순서가 틀리면 목적지

에 도달하지 못하고 노력한 보람도 없이 헛되이 끝나 '나는 루저'라는 짙은 패배감만 안겨준다. 이는 도전하려는 의욕조차 위축될 결과를 불러올 수 있다.

집안일의 효율화에 숨은 함정

나도 이 '물건 정리'에 이를 때까지 우여곡절이 많았다. 그래서 먼저 나의 실패담부터 시작하고 싶다. 전업주부인 엄마에게 집안일을 떠넘긴 채 성장한 불손한 딸은 취직한 뒤 독립하여 혼자 살게 되는 순간, 자신의 살림 능력이 빵점이라는 현실에 맞닥뜨려야 했다. 집은 뒤죽박죽 빨랫감도 산더미, 이것을 어떻게든 해결해야겠다는 생각에서 '집안일의 효율화'를 목표로 살았다.

왜냐하면 내가 집안일을 하지 못하는 가장 큰 이유는 '바빠서'였기 때문이다. 일이 바빴고 놀기도 바빴다. 게다가 이것저것 하고 싶은 일도 끊이지 않았다. 집안일 같은 걸 할 시간이 없었다. 집안일 하는 시간이 아까웠다. 그러니 최소한의 노력으로 최대한의 효과를 올려야만 했다.

그래서 집안일은 주말에 몰아서 한다는 방침을 굳혔다.

확실히 전체 집안일 시간이 줄어드는 듯했다.

그런데 이 방법에는 큰 난제가 있었다. 집이 말끔히 치워지는 것은 주말에 청소를 마친 한순간뿐으로, 다음 날에는 '도로 아미타불'이었다. 요컨대 열심히 정리하지만 그 후 일주일 동안 내내 어지럽게 어질러진 방에서 생활했다. 야무지지 못해 정리 정돈도 서툰 데다 평일엔 전혀 치우지 않으니 당연했다.

집안일을 끝낸 순간 허무하게 무너지는 모래성 같다. 그러니 주말에 청소하는 게 바보처럼 느껴졌다. 본디 즐거운 것을 하려고 집안일 시간을 줄이려던 것인데, 결정적으로 그 즐거운 일이 해야 하는 주말을 무의미한 집안일에 써버린다. 뭔가 이상하지 않은가? 그래서 결국 집은 날로 지저분해졌다.

역시 이래서는 안 된다는 생각을 하지 않은 것은 아니지만 방법을 찾지 못한 채 그저 수납공간만을 늘렸다. 수납공간이 넓으면 뭐든 넣을 수 있으니 결과적으로 실내를 비교적 쾌적하게 유지할 수 있었다.

수납공간을 늘리는 개미지옥

이런 이유로 새로운 집을 찾을 때마다 첫 번째 조건은 '수납공간이 넓을 것'이 되었다. 높은 연봉의 독신자라는 특전을 내세워 넓은 옷장이 있는 넓은 맨션에서 혼자 사는 호사를 누렸는데 그때부터는 옷이 방 안에 어질러져 있는 상태는 피할 수 있었다.

부엌도 넓은 수납장에 냄비, 조리도구, 접시 등 이런저런 것을 넣어버리니 적은 노력으로 '청소한 척' 보였다.

그런데 이 방법에도 큰 단점이 있다는 게 점차 밝혀졌다.

당연한 것이지만 집세가 비싸졌다는 점이다.

안정적인 회사에 집세 지원이라는 고마운 제도까지 있어 가능했지만, 뒤집어 보면 이것은 공포의 근원이었다. 그 은혜로운 입지를 잃으면 이 멋진 생활이 무너져버리고 마는 것이다. 따라서 회사에서는 과도한 경쟁에 놓였고 신경이 닳고 닳아 끊어질 것만 같았다. 일이 생각처럼 되지 않으면 과도한 우울감과 불안감에 시달렸다. 결국 표면적으로는 아귀가 맞는 듯 보였던 내 생활은 조금만 긴장을 늦추면 모든 게 무너지는 모래 위 누각이었고, 그것을 잘 알고 있기에 인생은 스트레스로 가득했다.

물건에 둘러싸인 모호하고 불안한 인생

또 한 가지 난점은 수납공간이 넓어질수록 물건이 증가한다는 사실이다. 수납공간이 넓은 집으로 이사할 때마다 옷이며 구두, 그릇과 부엌 용품, 책부터 온갖 소품에 이르기까지 그만큼 늘어났다. 들어갈 데가 있으면 무심코 채우는 게 사람이라는 존재인지, 문득 정신을 차리고 보니 내가 무엇을 소유하고 있는지도 파악할 수 없었다.

산더미처럼 물건을 가지고 있는데 이것도 저것도 부족한 듯 느껴져 똑같은 물건을 몇 개씩 사고, 사용할 리 없는 진귀하고 기발한 것까지 사들였다. 그렇게 사용하지 않은 물건들이 늘었고 왠지 머릿속이 멍해졌다. '필요한 것'과 '원하는 것'의 경계를 알지 못했고 그러는 가운데 무엇이 필요한지, 무엇을 원하는지 그 원하는 것도 진짜로 원하는 것인지조차 알 수 없었다. 넓은 수납공간 안에는 그런 모호한 것들로 가득 채워졌고 본디 자신이 무엇을 하고 싶은지, 어떻게 살고 싶은지도 점차 모호해졌다.

결국 나는 돈의 힘으로 표면적으로는 '잘 정리된' 듯 보이는 집에 살았지만 그 속을 들여다보면 옷장이나 서랍장, 식기장 안에는 '정리되지 않은 혼란스러운 인생'이 잔뜩 채워져 있었다. 그것을 알고 있기에 청소기를 돌리고 세탁기로 빨래해도 도무지 정리된 것 같지 않아 개운하지 않았다.

아무리 생각해도 이 끝에 행복은 없다

그런 까닭에 정리도 청소도 게을리하게 되어 결국 먼지가 뽀얗게 앉은 방에서 생활하게 되었다. 그러는 가운데 역시 넓은 수납공간도 혼란한 물건(인생)으로 꽉 차 수납 불가 상태가 되어 더 넓은 수납공간의 집으로 이사하고… 그런 고비용의 인생을 지속하기 위한 스트레스는 눈덩이처럼 커졌다! 그런 인생을 살고 있었다.

노력하면 할수록 아무리 생각해도 행복에서 멀어지는 느낌. 이 끝에 행복이 있는지 생각하면 절대 있을 리 없다는 걸 나 역시도 어렴풋이 느끼고 있었다. 이 끝에 기다리고 있는 건 '파탄'밖에 없다.

하지만 어찌하면 좋을지 알지 못했다.

그런데 그런 출구 없는 고민이 돌연 불꽃처럼 해결되었다.

50세에 회사를 그만두고 수납에 목숨 건 내가 '수납 제로'의 원룸으로 이사해야만 하는 비상사태가 일어난 것이다. 덕분에 인생은 대전환을 맞이했다.

물론 그때는 그저 눈을 희번덕거리면서 온갖 것들을 처분하는 데 필사적이었다. 옷도 구두도 식기도 책도 부엌용품도 화장품도 처분하고 또 처분했다. 사용하지 않은 것은 물론 마음에 드는 물건이나 추억이 담긴 물건도 처분 대상이었다. 남기는 것의 기준은 '설렘'도 '사용하는가'도 아닌 '그게 없으면 죽어?'였다.

인생이 정리되면 방이 정리된다

숨을 몰아쉬며 이사를 끝내고 보니 세상에나 맙소사! 모든 게 정리되어 있었다.

이리하여 어질러진 물건이 없어졌다.

그리고 그 어떤 것보다 잘 정리된 건 내 머릿속과 마음속이었다.

내가 살아가는 데 필요한 것은 놀랄 정도로 조금밖에 없었다. 그것만으로 '아름다운 생활'이 완성되었다. 그러면 더 이상 필요한 것도 갖고 싶은 것도 있을 리 없다.

'이것으로 충분한' 기분이다.

그것은 내가 반세기를 살아오면서 처음 경험하는 마음이었다. 이것으로 충분하다. 더 이상 아무것도 필요 없다.

마침내 나는 인생을 정리하는 데 성공했다. 그리고 인생이 정리되면 방은 이미 정리되어 있다.

누구나 할 수 있는 물건 정리

이런 이유로 간소한 집안일을 위해서는 첫째도 둘째도 불필요한 것의 정리다. 이것에 성공하면 그것만으로 대부분의 집안일이 사라진다. 반대로 그것을 하지 않으면 아무것도 달라지지 않는다. 쉽게 이해하지 못할 수도 있다. 하지만 경험자로서 자신 있게 말할 수 있는 것은 이것이 결국엔 가장 빠른 지름길이고 왕도라는 사실이다. 정리만 끝내면 이후는 편하다. 즉각적으로 집안일이 사라진다.

뒤집어 말하자면, 정리를 하지 않고서는 아무리 편리한 기계를 사든 획기적인 수납법을 배우든 아무것도 변하지 않는다는 말이다.

만일 '변하는' 사람이 있다면 그는 상당한 살림 능력을 타고난 사람이다. 그 같은 재능을 타고나면 원래 집안일의 고통 같은 건 갖지 않는다. 하지만 우리 같은 보통 사람이 처음부터 목표로 하는 건 무리다.

자, 드디어 구체적인 방법에 대해 이야기해보자.

이것은 간단해 보이지만 전혀 간단하지 않다. 그 증거로 나는 늘 "단사리斷捨離(소비를 끊고 불필요한 것을 버리고 물욕을 버려야 한다는 뜻. 간소한 삶을 지향하기 위한 방안으로 일본에서 유행처럼 쓰이는 말이다-옮긴이주)해야 해!"라고 말하는 사람을 숱하게 만난다. 하지만 그렇게 말하는 사람들은 그리 단순한 삶을 실천하고 있지 않다. 정확히 말하자면 사실 하지 못하는 것이다. 단순히 생각하면 물건을 얻기보다 버리는 게 훨씬 쉬워 보이지만(무엇보다 돈이 들지 않는다), 현실은 그 반대다.

사람은 본질적으로 무언가를 얻는 데는 필사적이지만, 무언가를 잃는 데는 그렇지 않다.

하지만 괜찮다. 얼마 전까지 나도 그랬다. 내게 불필요한 건 하나도 없었다, 오히려 내게는 필요한 게 있을 뿐이라며 틈만 나면 가게를 둘러보고 인터넷 검색을 하면서 원하는 것을 끊임없이 찾던 나조차도 물건 정리에 성공했다.

하루가 멀다 하고 쏟아지는 '정리책'

내 이야기를 하기에 앞서 생각해보면 지금 세상에는 수많은 '불필요한 물건을 정리하는 책'이 넘치고 있다.

그리고 그것은 이미 일반명사처럼 알려진 '단사리'로 통용되고 있다. 그와 관련된 책들은 '버리는 기술' 혹은 '인생이 설레는 정리' 등등에 대해 이야기하는데 다시 조사해보니 거기에 그치지 않고, 지금도 여전히 새로운 정리 관련 도서가 출간되고 있다. 그러니 지금에 와서 내가 어떤 주장을 한다고 무슨 도움이 될까.

하지만 현재 상황을 파악하지 않으면 아무것도 시작되지 않는다. 우선은 세계적으로 널리 알려진 정리의 명인 곤도 마리에의 『정리의 힘』을 읽어보기로 했다.

사실 불필요한 물건을 구분하는 키워드, '이것으로 설레는가?'라는 말은 익히 알고 있었지만 부끄럽게도 이 책을 읽은 건 이번이 처음이었다.

그리고 솔직히 큰 충격을 받았다.

그녀는 정말 훌륭하다!

전문가도 권하는 '편한 집안일'

온화한 인품이 배어 있는 문장으로 실패담을 예로 들어 쉽게 정리 노하우를 이야기하기 때문에 읽고 나면 누구든 '해보자'고 생각할 게 분명했다. 나도 영향을 받아 쾌적한 우리 집을 더욱 상쾌한 장소로 만드는 데 성공했다. 곤도 마리에의 정리법은 대단했다. 그리고 무엇보다 놀란 것은 지금의 내가 생각하는 것, 지금까지 해온 나의 주장을 알기 쉽게 설명하고 있다는 점이었다.

사실 처음에 나는 곤도 마리에의 책이 '정리 책'이라고 생각했다. 그러나 그렇지 않았다. 물론 정리 책이 맞는데, 집을 정리하기 위한 쉬운 노하우를 전수하는 한편 '편한 집안일'을 권하고 있었다. 무슨 일이지?

그녀가 말하는 정리 방법의 특징에는 몇 가지가 있는데 그중에서도 큰 특징이 '리바운드 없음'이다. 일단 그녀의 방식으로 집을 정리하면 이후에는 애써 노력하지 않아도 평생토록 그 쾌적한 정리 상태를 유지할 수 있다는 점이다.

그리고 그 집안일을 실현하기 위해 제일 처음 실행해야 하는 것이 "버리기를 끝내는 것"이라고 그녀는 말한다.

불필요한 것을 단번에 완벽하게 버린다

버리기를 끝낸다고? 조금 이해하기 어려운 말인데, 요컨대 불필요한 것을 한 번에 버리는 것이다. 그것을 완벽하게 끝낸 시점에서 출발하라는 것이다. 여하튼 한 번에 끝내고 나면 예전으로 되돌아가는 일 없이 편하다고 그녀는 말한다.

맞아요, 맞아! 나는 기뻤다.

단숨에 물건을 없앰으로써 최강의 편한 집안일 생활을 손에 넣은 나의 체험이 그 자체이지 않은가!

그래서 편한 집안일을 목표로 하는 분에게 자신감을 가지고 먼저 권하는 것도 '곤도 마리에의 책을 읽으라'는 것이다. 진심이다. 나의 이야기는 아무리 열심히 이런저런 실례를 들어 설명해도 고작 한 개인의 경험이다. 그런데 그녀의 책에는 그녀의 경험뿐 아니라 정리 컨설턴트로서 그동안 만나온 '정리할 수 없는 사람들'의 실제 예시나 에피소드가 풍부하여 매우 설득력이 있다. 따라서 그것을 읽고 만일 좋다면 내 이야기에도 조금 귀를 기울여주면 고맙겠다.

키워드 '설레는가?'의 올바른 이해

하지만 한 가지 걱정은 이 책이 유명한 까닭에 자칫하면 중요한 부분을 간과하거나 혹은 읽지 않고도 읽은 듯 느낄 우려가 있다는 점이다.

그 가장 큰 원인은 알다시피 '이것은 설레는가?'라는 키워드다. 이 힘이 큰 데다가 두루뭉술하고 친절하기까지 해서 누구나 무심코 정리에 나서게 한다. 그러나 그 때문에 '이 즐거운 주문만 읊으면 정리가 끝난다고? 뭐야 정리 따윈 너무 쉽네'라고 가볍게 생각하기 쉽고, 그 결과 좌절을 맛보는 사람이 적지 않다.

실제로 물건을 버리지 않고 정리에 나선 나의 친구 A도 결국 정리에 실패했다. 왜 실패했는지 그 이유를 물으니 '설레지 않은 게 없어'서였다. 그것을 곁에서 듣고 있던 친구 B도 '맞다'며 연신 고개를 끄덕이던 게 불과 며칠 전 일이다.

과연 그렇구나. 누구든 지금 가지고 있는 것은 '설레기'에 소유하고 있다. 그것을 두고 '설레지 않으면 버리라'고 강요하면 우리는 아무것도 포기하지 못한다. 이것도 저것도 설레지 않은 게 없으니까. 그래서 결국 아무것도 버리지 못한다. 잘 알아요, 그 마음!

하지만 그것은 책이 두루뭉술해서가 아니다. 어떤 의미에서는 냉철히 인생을 돌아보게 한다. 불필요한 물건을 처분할 때, 즉 '이것은 설레는가?'라고 자문하기에 앞서 '이상적인 삶'을 머릿속에 명확히 그리는 것이 중요하다고 강조하는 것이다. 이 부분을 간과해서는 안 된다.

인생을 선택할 각오

나는 정말로 어떤 삶을 살고 싶은 걸까?

'정리된 방에서 쾌적하게 살고 싶다'는 이미지로는 부족하다. 좀 더 구체적으로 자신은 어떤 방에서 어떤 것에 둘러싸여 무엇을 하면서 하루하루를 보내고 싶은지, 그 모습이 눈에 보이듯 구체적으로 떠올라야 한다고 그녀는 힘주어 말한다.

그 뒤에 비로소 필요한 것과 필요하지 않은 것을 구분한다. 그때의 키워드가 '이것은 설레는가?'인 것이다.

결국은 '설레는가'라는 예쁜 말 이면에는 '자신은 정말로 어떻게 되고 싶은지' 즉 타인과 비교해 어떤지, 말끔하게 정돈된 방에서 우아하게 지내고 싶다든지 하는 막연한 이미지를 가지는 게 아니라 "책임감을 가지고 다른 누구도 아닌 자신의 인생을 다시금 직시하라! 스스로 자신의 인생을 선택하라!"는 그런 엄중한 메시지가 담겨 있다.

그런 각오를 하고 나면 비로소 물건으로 가득한 이 세상에서 자신의 인생에 '필요한' 것과 '불필요한' 것이 보인다. 결국은 '설레는' 것과 '설레지 않은' 것을 명확히 분별할 수 있다.

그것을 터득할 수 있다면 물건뿐 아니라 인생에 필요한 것과 그렇지 않은 것이 분명히 보인다.

따라서 정리가 끝나면 인생이 열린다고 그녀는 말한다. 나는 그 말에 전적으로 동의하며 목뼈가 부러질 정도로 수긍했다.

설레는가, 설레지 않는가의 경계

개인적으로 참 많은 일들이 있었고 우연히 책에서 말하는 것과 같은 과정을 겪으며 나의 생활에 불필요한 것을 처분한 결과 인생이 열렸다. 친절한 곤도 마리에 씨의 그 책이 의외로 혹독한 사랑의 채찍이라는 걸 나는 누구보다 깊이 이해하고 있다.

그런 관점에서 아직 읽지 않은 사람은 꼭 읽어보길 바란다. 그리고 이미 읽은 사람도 새로운 관점에서 다시 한 번 읽어보길 바란다.

여기서 내가 나설 자리는 없는 듯하다. 하지만 조금이나마 도움이 되었으면 하는 마음으로 다음 장에서 나의 구체적인 물건 버리기 분투기를 소개하고자 한다.

지금은 무서운 시대로 물건이 팔리지 않는 탓인지 세상은 어디를 봐도 "이것은 당신의 인생에 절대 필요하다"거나 "이것만 있으면 당신은 행복할 수 있다"라고 소리 높여 주장하는 물건들로 그득하다. 그러는 가운데 '되고 싶은 자신의 모습'을 머릿속에 강하게 이미지화하고 확장시킨다. 설레는 것과 설레지 않는 것(필요한 것과 그렇지 않은 것)을 어떻게 구분할지는 실제로 해보면 꽤 어렵다.

그 선을 어떻게 그을 것인가? 그 결과 대체 무슨 일이 일어나게 될까? 후회할까 아닐까?

사람은 어디까지 물건을 줄일 수 있을까 1

CHAPTER 7

인생의 이미지 만들기 편

이미지 만들기에 성공의 열쇠가 있다

앞장에서는 간소한 집안일 생활을 보내기 위해서 『정리의 힘』을 읽어보길 권했다. 그리고 책 속에서 반드시 주목해야 할 포인트로써 먼저 자신의 인생에 불필요한 것을 단호히 처분해야 하고 그것이 승패의 갈림길이라고 말했다. 그리고 정리에 성공하기 위해서는 단순히 '설렘'에만 의지해서는 안 된다. 먼저 '자신이 지향하는 이상적인 생활'을 강하게 그리고 구체적으로 머릿속에 떠올려보는 것이 그 무엇보다 중요하다는 것도 소개했다.

모처럼의 기회로 지금은 완전히 정리의 마법에 걸려 멋

진 생활을 만끽하고 있는 나의 경우는 어떠했는지 돌아보았다.

나의 경우는 먼저 이미지를 만들고서… 그런 우아한 이야기를 할 처지가 아니었다.

본디 물건을 없애자고 생각한 계기가 '말끔한 방에서 생활하고 싶다'는 긍정적인 바람이 아니라 회사를 그만두고 집세를 낼 수 없는 비상사태에서 출발했기 때문이다. 열심히 모아온 수많은 '설레는 물건들'을 마음 독하게 먹고 처분하지 않으면 이사도 갈 수 없는 처지에 내몰렸기 때문이다.

그래서 차분히 이미지를 그릴 겨를이 없었다. 그런데 당시를 떠올려보고 깜짝 놀랐다. 당시 나는 확실한 이미지를 머릿속에 그렸다. 아니, 그 정도가 아니라 그때 나는 환경을 바꿔야 하는 처지에서 필사적으로 이미지를 떠올리기 위해 고군분투했다. 그리고 돌이켜보면 온갖 고생을 하면서도 나 나름의 생활을 그리는 데 성공했고 80퍼센트쯤 정리의 마법을 내게 거는 데 성공했다.

정리되지 않은 인생을 변화시킨 곤도 마리에의 정리의 힘! 거기에는 정리하지 못하는 현대인을 정리로 이끄는 보편적인 무언가가 존재한다.

지금부터 나는 어떻게 이 중요한 '이미지 만들기'에 성공했는지 그 과정을 이야기해보려 한다.

분명 당시 나는 이미지가 필요했다.

하지만 그것은 정리와는 무관한 데서 출발했다. 나는 인생의 이미지를 강하게 원했던 것이다.

밝고 즐겁게 내려가고 싶다

당시에 나는 인생의 대전환기를 맞이하고 있었다.

인생의 후반생을 맞이해 회사를 그만둔다는 것은 노골적으로 말하면 위를 향해 오르던 인생에서 내리막길 인생으로 방향을 바꿔 역방향으로 나아가기 시작한다는 것이었다.

말해놓고 보면 그뿐인 일이지만 이게 상당히 어렵다. 사람이라면 누구나 무언가를 얻고 긍지를 느낀다. 하지만 일단 손에 쥔 것을 잃는 것은 어떤 사람이든 저항이 있기 마련이다. 일반적으로 말해 거기에는 긍정적인 이미지라는 게 거의 없다. 슬픔, 외로움, 억울함, 비참함… 잃는다는 것은 그런 거다. 결국 나는 앞으로의 후반생을 그런 부정적인 이미지 속에서 쭈뼛대며 살아갈 가능성이 컸다.

하지만 그런 건 절대 견딜 수 없다! 견디고 싶지 않다! 상상하는 것만으로도 살아갈 에너지가 고갈될 것 같았다. 그래서 퇴사하기 1년 전부터 나름대로 차근차근 그만둘 준비를 진행하면서도 내심 두려움에 움찔거렸다.

그 두려움을 극복하기 위해서라도 나는 '이미지'를 가져야 했다. 그 이미지란 한마디로 말해 '밝고 즐겁게 내려가는 인생'이었다.

나를 구원한 한국 드라마 속 왕비

내가 원하던 것은 위를 향하기보다 '좀 더 밝고 즐거운' 이미지였다. '내려가서 최고!'라거나 '오를 때가 아니다!'라고 단언하면 좋다. 요컨대 '나는 여전히 지지 않았다. 분명 내려가고 있지만 특별히 비참하지도 슬프지도 않다!'라며 무심코 아래를 향하는 나를 격려할 필요가 있었다.

그래서 먼저 내가 찾은 것은 생활의 이미지였다.

인생 대부분은 '생활'이기에 일이 없어도 큰돈을 벌지 못해도 생활에서 패배하지 않는다면 인생에서 지는 게 아니다.

그런데 초반부터 큰 벽에 부딪혔다.

월급이 들어오지 않으면 지금 살고 있는, 지금까지의 나의 인생 중 가장 호화로운 맨션을 훌쩍 떠나 집세가 저렴한 좁고 낡은 집으로 이사 가야만 했다. 결국 생활의 토대인 집부터 이미 '지고 있는' 곳에서 출발해야 했다.

이런 것으로 풀 죽어서는 안 된다. 앞으로 몇십 년의 내 인생이 걸려 있다. 반드시 길은 있다! 그래, 세상은 넓으니 잘 찾아보면 '화려한 단칸방 생활'을 보내는 사람도 있을지 모른다고 생각했다. 안이했다.

잡지에 실린 특집 기사를 보면 '좁은 집에서도 쾌적하게 산다' 같은 정보가 있기는 했지만, 이런저런 기사를 아무리 살펴보아도 '좁다'는 말의 정의가 애당초 달랐다. 잡지에 등장하는 화려한 생활을 보내는 사람들은 내가 볼 때 좁지 않은 집에 살고 있었다. 단칸방의 세계와는 수준이 달랐다.

으음, 역시 그런 이미지는 어디에도 없다. 다시 풀이 죽으려던 찰나 나를 구원해준 것은 의외의 인물이었다.

그는 한국 사극에 나오는 왕비였다.

쓸데없는 것이 하나도 없는 아름다움

그것은 우연한 만남이었다.

알다시피 한국의 사극은 음모에 음모가 이어지는 진흙탕 싸움이 반복되는 것이 특징이다. 그런 장면에서 나는 '헉'이나 '그렇게까지 한다고?'라며 마음속으로 중얼거리며 보았다. 당시 업무 스트레스에 짓눌릴 것 같던 나의 즐거움이기도 했는데, 때마침 본 드라마는 화려한 궁궐을 무대로 매주 예상도 하지 못한 반전에 반전을 거듭하며 전개되었다. 잊지 못할 그날의 하이라이트는 영웅을 음지에서 지지해주던 아름답고 현명한 왕비가 음모의 소용돌이에 휘말려 궐에서 쫓겨나는 비운의 장면이었다.

애처로운 왕비, 이제껏 몸에 두르고 있던 화려한 의상이나 머리 장식, 다양한 색채의 병풍과 가구로 꾸며진 화려한 방도 모두 잃고 머물게 된 곳은 궁궐에서 멀리 떨어진 시골의 낡은 초가집.

장식 없는 흰 목면 옷을 몸에 두르고 머리 장신구나 액세서리도 없는 소박한 차림으로 낡은 서랍장과 책상밖에 없는 흰 벽과 나무 기둥만 있는 방에서 생활하게 된 왕비. 몸종은 "가여우셔라…"라며 슬쩍 눈물을 훔치는데 그 순간 누워서 텔레비전을 지켜보던 나는 무심코 벌떡 몸을 일으켰다.

이것은 얼마나 아름다운 생활인가! 아무것도 없는 방, 낡은 가구, 장식 없는 하얀 의상. 그것은 마치 유명한 다도 선생 센노 리큐千利休가 추구했던 다실처럼 쓸데없는 것이 전혀 없는 공간이었다. 밖에서 살랑살랑 자연의 바람이 불어오는 듯, 거기서 나무의 초록 잎이 보이고 새소리가 조용히 들려오는 듯, 고요한 적막감과 풍요로움으로 가득한 공간. 그것은 더할 나위 없이 화려한 왕비의 방보다 훨씬 좋았다.

무엇보다 아무것도 없는 방에서 등을 꼿꼿하게 펴고 바른 자세로 조용히 앉아 있는 왕비는 화려했던 궁궐에 있을 때보다 훨씬 빛났다.

화장도 하지 않은 얼굴에서는 고귀한 정신과 온화함이 조용히 피어오르는 듯했다. 그런 왕비 앞에는 모든 가능성이 사방팔방으로 열려 있는 게 확실히 느껴졌다.

권력이니 돈이니 하는 옹색한 탐욕의 세계를 가뿐히 뛰어넘는 인생의 모든 가능성이.

자유롭고 아름다운 생활로 향한 첫걸음

그것은 실로 아름다운 장면이었다. '애처롭다'고 소란을 떨지 않았다. 보기에 따라 분명 가여운 상황이었지만 나는 여기에 진정한 아름다움, 진짜 자유가 있다고 마음으로 생각했다. 모두 갖춰진 화려한 집, 매일 갈아입는 화사한 의상, 그것은 말 그대로 풍요로움의 상징이다. 그러나 그것은 어디까지나 풍요라는 것의 한 단면에 불과하다. 그리고 드라마 속 영락한 왕비의 생활을 마음으로부터 동경하는 내가 있다.

지금 보면 이때 내가 목표로 하는 새로운 생활을 머릿속에 확실한 이미지로 그렸다.

온갖 물건을 갖춘 생활에서 아무것도 없는 생활로 전환한 것은 패배도 추락도 아니다. 그것은 자유롭고 아름다운 생활로 향하는 첫걸음이다. 그 사실을 안다면 지금 손에 쥔 소중한 것을 놓아버리는 것에 막연한 두려움을 느끼지 않아도 된다. 오히려 새로운 희망으로 가득한 아름다운 생활로 나아가는 첫걸음이라고 생각하면 아무리 근성이 없는 나라도 그것을 실행으로 옮길 수 있을 게 분명하다.

그것은 물건에 아쉽지 않고 집착하는 것이 인생의 원동력이었던 내게 너무나도 큰 발상의 전환이었다.

이 이미지를 단단한 초석으로 나는 차근차근 인생이 설레는 정리의 마법에 걸린 생활을 보내고, 즉 간소한 집안일 생활로 가는 길을 걷기 시작했다.

인생은 마음먹기

인간은 참으로 단순하다. 어찌 보면 인생은 마음먹기에 달렸다.

지금 생각하면 우연히 그 드라마를 본 게 기적 같아 고맙다. 만일 보지 않았더라면 어떻게 되었을까. 물건을 처분하면 행복도 사라진다는 '상식'을 버리지 못한 채 결국 아무것도 버리지 못하고 게다가 좁은 집으로 이사하는 현실이었으니, 그 종착지는 물건, 물건, 물건에 파묻힌 작은 방에서 쓰레기 저택 생활을 보내고 있으려나? 실제로 그랬을 것 같아서 무섭다. 그런 관점에서 생각하니 정말이지 '이미지' 만들기만큼 중요한 것은 없다. 그런 의미에서 이야기는 계속된다.

어디까지 물건을 줄일 수 있을까?

나의 이미지는 드라마에 만족하지 않고 더욱 발전한다.

여하튼 왕비라서 텔레비전에 비치는 장면은 책상에 다소곳이 앉아 책을 읽거나 글을 쓰는 모습이 전부다. 생활감 제로. 무대 뒤 생활 모습까지는 알 수 없다.

나는 그 무대 뒤를 알아야만 했다.

왜냐하면 현실을 살아가기 위해서는 영원히 먹고 입어야 하고 결국은 '최소한의 물건'이 필요할 텐데 그것이 대체 어느 정도인지 알고 싶었다. 아무리 영락했다고 해도 왕비는 왕비다. 그래서 꽤 넓은 집과 깔끔하게 정리된 공간에서 생활할 수 있다. 그정도는 나도 노력하면 할 수 있을 것 같다. 부지런히 치우고 잘 수납하면 될 일이다(실제로 그것이 가능할지는 별개 문제다). 하지만 작은 방에서 말끔히 정리하고 생활한다면 이야기는 완전히 달라진다. 무엇보다 수납공간이 없다. 그렇다면 지금 있는 물건을 버리는 수밖에.

그렇게 인간은 어느 정도 최소한의 물건으로 살아갈 수 있는지 하는 생존게임 같은 정보를 찾아 나섰다.

에도의 주택은 기적의 공간

현실에서 이 같은 도전을 하는 사람은 아마 없을 것이다. 현대는 여하튼 풍요의 시대로 그런 수도승 같은 생활을 하는 사람은 거의 없을 테니까. 물론 지금보다 예전에는 모두가 어려웠던 시대도 있었다. 단칸방에서 일가족이 어렵지만 단란하게 살아가는 내용의 드라마가 흔하디흔한 풍경이었던 시절도 있었으니까.

그래, 현재만 봐서는 안 된다. 시대를 거슬러 예전에는 당연한 듯 존재했던, 물건이 없는 생활을 참고하면 될 것이다.

그래서 내가 종종걸음으로 찾아간 곳은 에도 도쿄박물관이었다. 시대극에 반드시 등장하는 에도의 주거 형태 가운데 집합 주택의 성격을 띤 '나가야長屋'를 보기 위해서다. 텔레비전으로 보이는 그것은 내가 찾는 이미지의 핵심이었다. 좁고 낡았지만 보기에 따라서 생활은 꽤 괜찮은 기적 같은 곳. 방은 물건 없이 말끔히 치워져 있고 인테리어도 자연 소재로 통일되어 아름다운 생활이라고 할 수 있다. 대체 어떻게 그런 생활이 가능한 것일까.

그래서 보러 갔다. 대부분 입장객은 이렇다 할 관심도

보이지 않고 지나치는 전시물 앞에서 나는 콧김을 거칠게 내쉬며 나가야 안팎을 샅샅이 둘러보았다.

나는 내심 놀랐다.

먼저 무엇보다 너무 좁았다. 아니, 좁다는 건 이미 알고 있던 사실이지만 방 역시 다다미 넉 장 반의 단칸방이다. 여기서 온 가족이 살다니 대단하다. 이것은 상상도 하지 못한 의외의 사실이다.

내가 놀란 건 거기에는 수납이라는 게 없다는 사실이었다. 그런데 벽장은? 보통 벽장은 일본 가옥에 옛날부터 달려 있던 게 아니었나? 그런데 그게 없다. 아무리 찾아봐도 어디에도 없다. 그저 다다미 넉 장 반이 덩그러니 있을 뿐. 현관을 포함해도 총면적은 10제곱미터 남짓, 현대식 광고 문구로 표현하자면 '10제곱미터, 욕실, 화장실 없음'이라는 엄청난 물건이다.

수납공간 없는 단칸방에서의 생활

그런 곳에서 대체 일가족이 어떻게 생활했던 것일까? 힌트는 변형에 있다. 낮과 밤에 방의 모양을 바꿔 같은 공간을 여러 가지 용도로 사용한 것이다. 낮에는 둥근 테이블을 두고 거실 겸 식당으로 사용한다. 밤에는 이부자리를 깔고 침실로 사용한다.

굉장하다고 생각한 것은 사용하지 않는 것을 치우는 방식이다.

벽장이 있으면 뭐든 그곳에 밀어 넣으면 만사 OK. 그런데 그게 없다. 그렇다면 보통 생각하기로는 좁은 방이 사용하지 않는 물건으로 넘쳐 너저분한 생활이 된다. 그런데 전혀 지저분하지 않다. 깔끔하다. 왜냐하면 사용하지 않는 것은 작게 접에서 방 한구석에 놓아두었기 때문이다. 이불은 구석에 밀어놓고 작은 가리개를 두어 시야에서 감춘다. 테이블은 다리를 접어 벽에 세워둔다.

과연 확실히 이렇게라면 좁아도 수납공간이 없어도 살아갈 수 있다. 순식간에 간단히 수납할 수 있다고 생각했는데 전혀 간단한 게 아니다.

무엇보다 '구분'이라는 것이 없으면 안 된다. 자, 하루가 시작되었어요! 이미 늦었으니 잡시다! 이런 구분을 매일 확실히 하고 결단을 내리고 재빨리 몸을 일으켜 치울 것은 치워 방의 용도를 바꾸지 않으면 좁다란 방은 곧 대혼란을 맞이한다. 그것이 어렵다면 단 하루도 여기서 제대로 살아갈 수 없다.

그런 걸 내게 할 수 있는지 묻는다면, 즉시 '그렇다'고 대답할 수 없다.

솔직히 말해 '구분'이라는 단어조차 완전히 잊었다. 퇴근하면 가방을 그대로 던져놓고, 책을 읽고도 꺼내놓은 채로, 옷을 벗으면 벗어놓은 채로 식사를 끝내면 식기도 꺼내진 채로… 안 돼! 전혀 안 돼! 두 손 들었다. 나는 졌다. 가난한 나가야에서의 생활과 비교하고 터무니없는 내 모습이 부끄러웠다. 여기서 평범한 현대인이 생활하기란 무리다. 진짜 능력자가 아니라면 여기서 살 자격이 없다.

그리고 놀라울 만큼 적은 물건으로 살아갈 각오와 능력도 필요했다.

각오와 능력의 에도인들

찬찬히 관찰한 결과 말끔하게 치워진 방에서 생활할 수 있었던 것은 역시 물건을 거의 소유하지 않아서다. 옷은 옷걸이에 걸어 벽에 매단다. 한 철에 입을 옷은 한 벌 밖에 없다. 이 정도는 서랍장이나 옷장이 없이도 살아갈 수 있다. 아니, 이런 말을 할 때가 아니다. 한 벌이라니, 한 벌! 이건 수도승이다. 멋 부리고 싶은 마음은 어쩌지? 그보다 그 전에 옷이 더러워지거나 하면 어쩌지?

부엌도 현관 한쪽에 설치된 냉장고도 전자레인지도 없는 좁은 공간. 냄비도 식기도 약간. 아무리 생각해도 대단한 요리는 못 한다. 여기서 무엇을 어떻게 만들 수 있겠는가?

그리고 새삼 당시 사람들이 익힌 높은 능력에 아연실색했다.

정리 능력과 구분을 짓고 적은 물건으로 살아가는 능력이 없다면 여기서 살아갈 수 없다. 게다가 당시 사회상을 그려낸 책에 의하면, 그 같은 많은 제약 속에서도 당시 사람들은 실제로 밝고 활기차게 생활했다. 가난하다고 주눅 들지 않았다. 멋도 부렸고 청결하게 맛있는 것을 먹으며 지냈다. 그런 좁은 집에서 옥시글거리며 살았기에 커뮤니케이션 능력도 매우 높았을 게 틀림없다. 현대사회의 우리 중 대체 누가 이런 게 가능할까?

나는 크게 착각하고 있었다.

지금까지 우리는 시대와 함께 당연히 진보해왔다고 생각했다. 가난하고 불편한 생활을 강요받던 과거와 달리 돈도 물건도 정보도 얼마든지 손에 넣을 수 있는 우리는 옛날보다 훨씬 잘살고 있다고 믿었다.

그러나 정말로 그런지 가난한 나가야의 생활이 묻는다.

다시 자신을 단련할 기회

넓은 집, 편리한 물건, 많은 옷, 멋진 조리도구들을 손에 넣은 나는 오히려 퇴화한 게 아닐까? '있는 게 당연'한 삶 속에서 몸을 움직이지 않고 머리도 쓰지 않아 생각하는 힘도 고민하는 힘도 완전히 녹슬었다. 그리고 그것은 틀림없이 나만 그런 게 아니다. 풍요로운 현대인의 대다수는 멍하니 살고 있다. 돈이나 풍부한 물건에 의지하는 동안, 아무것 없이 자신의 힘으로 풍요로운 삶을 만들어가는 힘은 완전히 약해졌다.

뭔가 묘하게 납득이 되는 게 있다.

따라서 우리는 불안한 게 아닐까? 옛날 사람에 비하면 훨씬 풍요롭게 사는데 도무지 만족할 줄 모르고 자꾸 자신을 몰아세우는 것은 뭔가를 손에 넣는 정도로는 텅 빈 마음이 채워지지 않아서가 아닐까?

물건을 처분하고 생활의 규모를 줄인다는 것은 울면서 물건을 버리는 것도, 비참함에 견디는 것도 아니다. 그것은 자신을 단련하고 진화시키는 것이다. 가난한 단칸방의 삶은 "능력 없는 자는 가라"라고 말하는 듯했다. 풀 죽어 있을 때가 아니다. 지금의 자신으로 있어서는 안 된다. 능력자가 되지 않고는 이런 생활을 할 수 없다.

생각이 여기에 미치자, 내가 목표로 하는 생활의 이미지는 완전히 굳어졌다.

나는 앞으로 잃어버린 자신을 회복하기 위해 살아갈 것이다. 편리에 의지하지 않고 돈에 기대지 않고 자신의 내면에 있는 힘을 믿고 그것을 발굴해 갈고닦으며 살아갈 수 있는가 하는 도전이 시작된다. 돈이나 물건이 있으면 풍요로워진다고 믿고 의심하지 않던 인생에서 180도 바뀌었다.

그렇게 생각하자 내 눈앞에는 한 점 흐림도 남지 않았다. 이미 마음이 활기로 가득해 두근거린다. 명백히 그 끝에 기다리고 있는 것은 밝은 희망이다.

앞으로 나는 나이를 먹고 생각처럼 돈도 벌지 못할 테고 물건도 점점 잃어갈 것이 틀림없다. 돈에 의지해 행복해지려고 한다면 불행해질 것 같은 예감밖에 들지 않는다. 따라서 지금 자신을 바꾸지 않으면 안 된다. 돈이나 물건에 의지하지 말고 의지할 건 자기 내면의 힘! 그렇다, 에도 사람들도 본디 특별한 재능의 소유자가 아니다. 극히 평범한 보통 사람이었다. 그래도 편리에 의존하지 않고 돈에 기대지 않고 내재된 지력과 체력을 사용함으로써 능력자가 될 수 있었다.

나의
살림천국
메모 7

녹슨 오감을 되살리다

이리하여 가난한 단칸방에 라이벌 의식을 불태우며 '백투더 에도'의 삶을 지향하게 되었는데 그 결과 과연 에도인처럼 능력자가 되었을까? 분명히 말하지만 매일 착실히 능력자가 되는 듯한 기분이 드는 요즘이다.

한 가지 예를 소개하고 싶다.

대개의 일을 손으로 했던 당시 생활을 흉내 내면서 매일 실감하는 것은 '오감'을 매일 당연한 듯 사용하고 있다는 것이다. 예컨대 밥을 짓는 건 밥솥이 아니라 작은 냄비, 게다가 계량컵도 타이머도 없앴기 때문에 모두 '적당히' 한다. 그러면 휴대용 버너에 얹은 냄비가 내는 소리나 냄새에 민감해진다. 그것을 근거로 언제 불의 세기를 줄일지 끌지를 판단한다.

예를 들면 이렇다.

뚜껑을 덮고 강불에 얹은 밥이 넘치기 직전에 달각거리던 냄비가 한순간 아무 소리도 내지 않는다. 무음이 된다. 그것은 50년을 살아오면서 전혀 몰랐고 내가 아는 한 어떤 요리책에도 쓰여 있지 않지만 10년 가까이 같은 냄비로 매일 똑같은 작업을 반복하면 아무리 부주의한 사람이라도 알아차린다. 그리고 무음이 된 순간, 살짝 뚜껑을 비스듬히 열어두어 밥물이 넘치는 것을 막는다. 그때마다 '나란 사람, 대단하다'고 자화자찬하는 건 말할 것도 없다. 또한 냉장고가 없으면 유통기한에 의지할 수 없다. 그런데 현대 일본의 식품 대부분은 '냉장 보관'이다. 본디 '냉장'을 못하는 내겐 의미가 없는 표시다.

그래서 먹을 수 있는지 없는지를 판단하는 것은 내 '코'다. 킁킁 냄새를 맡아 괜찮은지 아닌지를 결정한다. 대개 순식간에 판단이 서는데 절임 등 보존식 역시 내가 직접 만들기 때문에 '발효'와 '부패'의 구분이 미묘한 순간도 발생한다. 그때 의지하는 것은 나만의 '감'이다. '괜찮겠다'고 생각하면 먹고 그렇지 않으면 먹지 않는다. 그래서 배탈이 난 적은 한 번도 없기에 올바른 판단을 하고 있다고 생각한다.

또한 손으로 빨래하니 당연히 물 온도에 예민하다. 여름에는 미적지근하고 폭염일 때는 뜨뜻해진다. 가을이 되면 서서히 차가워지고 겨울은 손이 찢어질 것 같다. 그뿐이지만 자연을 직접적으로 느끼는 것이 묘하게 재미있다. 여름철 물은 미적지근하지만 더운 날에는 손으로 물을 첨벙첨벙 만지면 물놀이 그 자체가 되기에 빨랫감이 많아지는 것도 대환영이다. 반대로 겨울철 빨래는 차가워서 힘들다. 그래도 겨울은 땀을 흘리는 게 아니라서 매일 나오는 세탁물은 속옷 정도다. 이렇든 저렇든 진심으로 고마울 따름이다. 자연은 참으로 대단하다.

이렇게 되면 편리에 의존하던 때 내가 얼마나 나의 감각을 사용하지 않고 지내왔는지 새삼 느낀다. 요리는 계량컵이나 수저에 의지했기에 간도 보지 않았다. 사용한 건 계량을 정확하게 하기 위한 '눈'뿐이다. 세탁도 물 온도를 느끼는 건 물론 무엇이 어떻게 오염되었는지 보지도 않았다. 그것은 사람이 만든 편리한 물건으로 '아무것도 하지 않아도' 되었기에.

그래서 편리를 그만두고 나는 내게 이런 감각이 있었다는 사실에 놀라며 생활하고 있다. 마치 보물찾기를 하는 것 같다. 묻히고 녹슨 보물을 하나씩 파내어 먼지를 닦고 기름칠하고 다시 사용할 수 있게 만드는 것이 매일 늘어나는 느낌이다.

곧 환갑을 맞이하는 나는 장차 육체가 점차 쇠약해지겠지만 정말로 그럴까? 내겐 본래 있었지만 '방치한' 쳐다보지도 않던 황금 자원이 많아서 그것을 하나씩 개발하면 쇠퇴하는 것보다 오히려 개발하는 게 많지 않을까? 노화를 걱정할 틈이 있다면 아직 해야 할 일은 있을 것이다. 그것을 하면 되지 않을까?

집안일을 할 때마다 나의 진화와 미래의 희망이 느껴진다. 이것을 초능력이라고 말하지 않으면 뭐라고 할 수 있을까?

사람은 어디까지 물건을 줄일 수 있을까 2

CHAPTER 8

격정의 실천 편

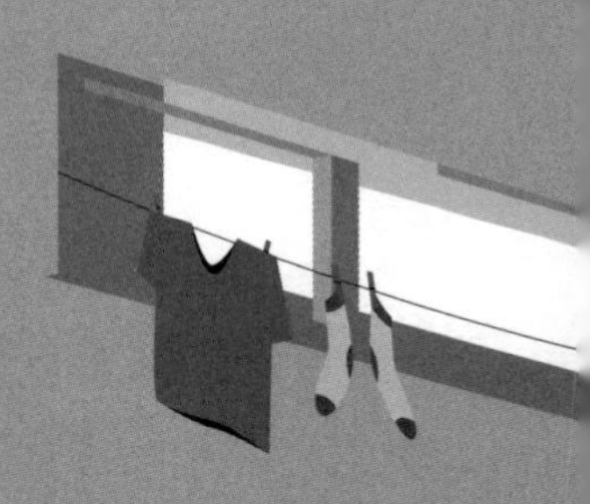

유사시를 위해서

이리하여 반세기에 걸쳐 '정리하지 못하는 여자'로 어지럽게 늘어놓은 인생을 어떻게 하지 못한 채 기본적으로 지저분한 방에서 생활해온 나는 그야말로 '한국 사극'과 '에도의 가난한 단칸방'이라는 아시아의 두 가지 역사적 사실에 도움을 받아 곤도 마리에 씨가 강하게 추천하는 '인생이 설레는 정리'에 빠뜨릴 수 없는 단계, 즉 '이미지 만들기'에 완벽히 성공했다.

조금만 생각해도 잘 알 테지만 이들 이미지는 꽤 극단적이다.

한쪽은 죄인으로 궐에서 추방당한 왕비고 다른 한쪽은 다다미 넉 장 반에 수납공간도 없는 작은 방에서 일가족이 생활하는 에도의 서민. 현대를 사는 내가 보면 설정도 극단적이지만 양쪽 모두 '소유물이 적기'는커녕 거의 아무것도 가지고 있지 않다는 점도 극단적이다. 미니멀리스트가 완전히 일반적인 용어가 되어 '나는 미니멀리스트'라고 가볍게 자칭하는 사람도 드물지 않게 된 오늘날이지만, 그 같은 미니멀리스트도 깜짝 놀랄 수준의 너무나도 철저한 무소유의 생활이다.

그 같은 놀랄만한 사람들을 본보기로 삼았기에 당연히 나의 '무소유의 생활'도 상당한 놀랄만한 수준이 되었다.

그래서 먼저 내가 이 본보기에 힘입어 결국 물건을 어디까지 줄이는 데 성공했는지를 소개하려 한다.

미리 말하지만, 여러분도 나처럼 철저히 물건을 줄여야 한다고 말하려는 의도는 없다. 이건 내가 혼자 살기에 가능한 일이다. 사람에게는 각자의 사정이 있고, 누구나 하고 싶은 대로 다 하며 살 수도 없다.

그래도 굳이 이 이야기를 하는 건 세상 흘러가는 대로 물욕에 취해 살아온 나 같은 풋내기 현대인도 마음만 있다면 얼마든지 물건을 줄일 수 있다는 것을 보여주기 위함이다. 극단적으로 물건을 정리하고 도 아무런 불편이나 지장 없이 생활하는 '예시'로 알아주면 좋겠다. 그리고 소유물이 적을수록 저절로 집안일이 편해져 스스로 자신의 일상을 쉽게 처리할 수 있다. 그것은 불확실하고 불안한 이 세상을 두 다리로 버티고 마지막까지 밝게 살아내기 위한 강력한 무기가 될 것이다.

따라서 무엇을 어디까지 버릴지는 각자의 사정에 맞추더라도 사람은 대체 물건을 어디까지 버릴 수 있을지, 유사시(재해, 전쟁, 실업 등 어쩔 수 없이 소유물을 줄여야만 했던 때)를 위해 실례를 알아두는 것은 결코 손해가 아닐 것이다.

이것을 참고로 자신의 소유물을 어디까지 정리할지 생각해보자.

그런 이유로 드디어 나의 '생활에 필요한 건 사실 이렇게나 적었다'라는 자랑을 시작해보자.

세면실 편

먼저 욕실과 세면실이다. 왜 여기부터 시작하는가 하면 이 구역이 가장 물건을 대담하게 줄인 공간이기 때문이다. 요컨대 가장 자긍심을 느껴서다.

집안의 '물건이 쌓이는' 곳

이 공간을 보면 잘 알 텐데, 여기는 이렇다 할 자각 없이 의외로 물건이 꽉 들어차 있다. 수건 외에도 각종 화장품, 샴푸, 세제에 스펀지, 솔을 비롯해 각종 청소도구 등등.

소위 집 안의 '물건이 쌓이는' 곳이라 말할 수 있는데 흡사 '무대 뒤'라고 할 수 있다. 남에게 보여주기 꺼리는 것이나 표면적으로 꺼내놓기 어려운 것이 모여 있는 곳이다. 겉으로 말끔하게 생활하는 사람이라도 의외로 이곳은 잡다한 물건들로 꽉 차 있는 경우가 많다. 예컨대 맨얼굴처럼 보이게 하는 내추럴메이크업도 사실은 온갖 화장품을 이용한 정교한 예술 '작품'이라는 사실이 고스란히 드러나는 장소다. 결국 그 사람의 실상이 거짓 없이 노출되는 장소라는 말씀.

나처럼 평범한 사람은 말할 나위도 없다.

예컨대 수건은 천장까지 수납되어 있다. 여기에 무심코 산 목욕용품에, 쓰지도 못하고 버리지도 못하는 향수, 손

톱 손질 용품이 든 상자 등으로 꽉 찼다. 게다가 세면대 아래쪽 수납공간에는 욕실이나 화장실을 청소하는 온갖 세제, 각종 스펀지, 솔, 청소용 걸레 등이 잔뜩. 세탁기 위쪽 공간에도 각종 세제가 빼곡하다.

물론 세면대 옆 넓은 화장품 수납공간도 물건으로 가득하다. 이름도 알 수 없는 수많은 화장품, 나이 듦에 따라 계속 증가하는 기초화장품, 그리고 알록달록 산처럼 쌓여 있는 색조화장품. 여기에 화장 전용 스펀지에 브러시, 화장솜, 면봉 등 화장용품이 빼곡히 들어 있다.

언급하는 것만도 숨이 찬다.

모두 버려도 된다

되돌아보니 거의 7년 전 나의 생활이 어느 별의 일처럼 멀게 느껴진다.

여하튼 나는 위에 열거된 물건 대부분을 버렸다.

물론 버리고 싶지 않았다. 이것들은 한마디로 말해 '외모를 꾸며주는 물건'이다. 사람들 앞에 나서도 부끄럽지 않은 얼굴과 피부를 연출하기 위한 물품, 그리고 자신의 방도 말끔하고 청결하게 지켜주기 위한 물품이다. 그것을 포기하는 건 사회생활은 버리는 것과 다르지 않다.

나이 들었다고 해서 자신의 외모에 무심해지는 것은 아니다. 잘 꾸며진 외양은 힘든 사회에서 활기차게 살기 위한 갑옷 같은 것이다. 그것을 정리하다니 애당초 생각하지도 못한 일이다.

그러나 내게는 선택의 여지가 없었다.

수건 한 장과 참기름만 있으면

이리하여 회사를 그만두고 이사한 구축 50년의 수납공간 제로인 집에는 세면실-화장실 일체형의 세면 공간이 있는데 역시 수납공간이 없다. 수건을 둘 곳도 없고 세면대 아래에도 수납공간이 없다. 세면대도 옛날 화장실처럼 매우 작고 표면에는 여기저기 상처투성이에 경사가 져서 위에 물건을 둘 수 없다.

그래서 결국 다음과 같이 정리했다.

· 수건 : 한 장만 남기고 모두 버림

· 화장품 : 모두 버림
· 샴푸 등 헤어제품 : 모두 버림
· 주거용 · 의류용 세제 : 비누와 천연세제만 남기고 모두 버림
· 스펀지 등 청소용품 : 걸레 한 장만 남기고 모두 버림

내게는 엄청난 변화다.

이걸로 어떻게 생활하고 있는가 하면 몸과 머리를 따뜻한 물로 씻고 목욕을 마치면 작은 수건으로 닦는다. 사용한 수건은 즉시 손으로 빨아 널면 다음 날에는 마른다. 결국 수건은 작은 것 한 장이면 충분하다.

화장품도 모두 버리고 그 대신에 참기름(슈퍼마켓에서 파는 투명한 것, 매일 아침 온몸 마시지), 이것으로 피부 보습을 끝낸다. 이것은 인도의 전통 의학 아유르베다라는 건강법에 따른 미용법이다.

청소는 걸레 한 장으로 모든 걸 끝낸다. 사용이 끝난 걸레를 바로 빨아 말리면 다음 날도 똑같이 사용할 수 있다. 한 장으로 충분하다.

불안까지 말끔히 닦는 마법

의외로 '하면 된다'는 게 나의 솔직한 소감이다. 여하튼 여기까지 극단적으로 물건을 처분했음에도 아무 지장도 없었다. 지장은커녕 압도적으로 편해져 기분이 좋다.

수건도 걸레도 한 장 밖에 없으면 사용 후 즉시 빨아 말리는 수밖에 없다. 그리고 직접 해보면 순식간에 끝나서 더러울 시간이 없다. 정말로 개운하다.

게다가 극단적으로 물건을 정리하면 모든 물건이 끊임없이 '제 역할을 해서' 이 역시 기분이 좋다.

나를 둘러싼 물건들이 생동감에 넘쳐 활약하는 세계, 쉼 없이 제 일을 하는 작은 수건도 걸레도 '나는 도움이 되고 있다' '활약하고 있다'는 자신감으로 가득하다. 이런 세상이 있는지 몰랐지만 직접 겪고 보니 그런 자긍심으로 가득한 물건에 둘러싸여 생활하는 것은 엄청나게 기분 좋은 일이다. 사람도 물건도 무언가에 도움이 되는 삶이 가장 행복하다는 소중한 깨달음을 얻었다.

뒤집어 말해 이제껏 욕실 한쪽에 쌓여 있던 많은 물건은 활약할 곳을 잃고 '존재가치'를 의심하며 놓여 있었던 게 분명하다.

그런 물건들을 말끔히 치우는 게 진정한 정리 아닐까!

자, 이제 화장품 정리에 대해 이야기해보자.

맨얼굴로 OK

내 주변이 깨끗해지면 일상이 상쾌하다. 그러나 화장품을 모두 정리한 결과, 나는 어떻게 되었을까? 메이크업 용품을 대부분 정리한 탓에 나는 치장하겠다는 마음을 포기해야만 했다.

결론부터 말하면 놀랍게도 아무런 변화가 없었다.

어디든 맨얼굴로 다녀도 누구 하나 신경 쓰지 않았다. 적어도 최근 '수수해졌다' '늙었다' '활력이 없다'는 말은 한 번도 듣지 못했다.

결국 사람은 생각만큼 내게 신경 쓰지 않는다. 그리고 자기 이미지도 생각만큼 화장이나 향수로 만들어지지 않는다. 겉치장은 겉치장일 뿐, 우리는 의외로 실제 모습을 간파당하며 사는지도 모른다.

그렇다면 이제껏 각종 화장품에 썼던 적지 않은 돈과 노력은 대체 무엇이었나? 하지만 지나간 일은 아무래도 좋다.

결국 나는 나로 괜찮다. 더하거나 뺄 것도 없다. 수건 한 장과 참기름만으로 죽을 때까지 '미인은 아니지만 그럭저럭 단정한 나'로 살아갈 수 있다.

이것은 기쁜 소식, 아니, 살아갈 희망이 아닐까?

마지막까지 버릴 수 없던 '그것'

이제껏 나의 '상쾌한 생활'을 자랑했지만 몇 번 이야기했듯 무엇이 필수이고 무엇이 그렇지 않은지에는 정답이 있을 리 없다.

그러나 여기서 강조하고 싶은 점은 그 경계선은 여러분이 상상하는 이상으로 훨씬 '필요하지 않다' 쪽에 치우쳐 있다는 점이다. 그리고 용기 내어 정리한 뒤 '사실 필요 없었구나'라고 깨닫는 것은 세상의 어떤 '오락'보다 훨씬 깊은 쾌감과 해방감을 선사한다.

이런 이유로 몇 번이고 다짐하고 욕실 주변의 물건을 버리면서 그중에 '여기까지 버려야 해?'라고 스스로도 놀란 '어느 물건'에 대하여 이야기해보고 싶다.

지금 생각해도 이것을 버렸을 때의 쾌감이라니! 여하튼 이것만큼은 아무리 생각해도 '필수 중 필수'라고 믿어 의심치 않았다. 수건도 화장품도 냉장고도 세탁기도 버렸지만, 이것만큼은 무리였다. 사실 맨 마지막까지 버리지 않고 가지고 있던 그 물건은 바로 '변기 솔'이다.

처음에는 그것을 버릴 거라고는 생각도 하지 못했다.

왜냐하면 변기 솔이 없으면 화장실 청소가 불가능하기 때문이다. 나는 원래 청소를 좋아하지 않지만 그래도 화장실이 더러우면 찜찜해 마음이 놓이지 않는다. 더러운 방에서 생활하고 있을 때도 화장실만큼은 최후의 보루처럼 좋은 상태를 유지하고 싶었다. 여기만 깨끗하면 다른 곳이 어떠하든 '인간'으로서 자신을 지킬 수 있을 것 같았다.

그래서 변기 솔이 있어야 했다. 그것만이 의지처였다. 더러운 일을 단번에 받아주는 도깨비방망이. 결국 그것의 존재만이 나를 인간으로 만든다.

그런데 앞에서 소개했듯 욕실 물건을 단호히 정리한 결과, 깨끗한 바닥에 덩그러니 놓인 노란 플라스틱 변기 솔만 남았다.

거슬렸다. 악의 기운이 감도는 듯했다.

아, 그렇구나. 조금 생각해보니 그 이유를 알 것 같았다.

결국 손으로 닦는 수밖에!

물건을 정리한 결과 한 장씩 남은 걸레도 수건도 대활약 중이다. 매일 방과 내 몸을 깨끗이 닦기 위해 부지런히 일하고 일을 마치면 저 자신도 깨끗하게 씻고는 '아, 개운해'라며 살랑살랑 바람에 나부낀다.

그런 가운데 변기 솔만이 닦이지 않았다. 자신은 화장실이라는 누구도 건드리지 않는 장소를 깨끗이 청소하는데 정작 자신은 그 더러움을 몸에 묻힌 채 방치되고 있다.

아무리 생각해도 찜찜하다.

물론 지난 몇십 년간 한 번도 기분 나쁘다고 생각한 적이 없었다. 하긴 많은 물건이 그저 방치되고 세탁물은 쌓이고 청소도 한 주에 한 번밖에 하지 않았으니, 요컨대 모든 게 기분 나쁜 상태여서 그다지 두드러지지 않았을 것이다. 그러나 모든 정리가 끝난 마당에 그것만이 가여운 상태로 놓여 있는 게 아무래도 신경 쓰여 견딜 수 없다. 물론 해결책은 분명했다. 변기 솔도 걸레처럼 사용할 때마다 깨끗하게 닦으면 된다.

그러나 용기가 없다. 왜냐하면 변기 솔은, 솔직히 말하자면 정말 만지고 싶지 않다. 솔직히 말해 꼴 보기도 싫다. 물론 안다. 너무하다는 거. 더러움을 닦아내는 역할을 하는 물건을 '더럽다'고 기피하는 건 아무리 생각해도 너무 몰인정하다.

맞는 이야기다. 지금 그 내 안의 가장 어두운 부분과 마주하고 있지 않을까? 직접 만지지 않아도 되지 않을까? 고무장갑을 끼고 닦으면? 아, 그러면 이번엔 그 고무장갑을 어떻게 씻을지에 대한 문제가 발생한다. 일회용 장갑을 사용하는 방법도 있지만 그 대가로 매일 비닐 쓰레기를 만들어내는 일이니 결코 나은 방법이 아니다. 그렇다면 결국 '손'으로 닦는 수밖에 없는 것인가.

화장실이 '더러운' 장소가 아니게 된 날

생각만해도 기분 나쁘다. 하지만 불가능한 것도 아니다. 분명 어떤 책에서 유명한 경영자가 실천하고 있는 '맨손으로 화장실 청소를 하는 수행'에 대하여 읽은 적이 있다. 그것을 생각하면 변기 솔도 맨손으로 닦지 못할 것은 없다. 이렇게 결심한 시점에 나는 불현듯 깨달았다.

그렇다면 처음부터 맨손으로 변기를 닦는 게 빠르지 않

을까? 왜 변기 솔에 묻혔다가 그것을 닦는가? 아무리 생각해도 난센스다.

그런 이유로 30년 가까이 사용해 온 변기 솔을 과감히 버렸다. 그 결과 변기 옆에 그 익숙한 변기 솔 거치대가 사라졌다. 어디에도 진짜로 없다! 넓은 이 나라에서 상당히 진귀한 인생이 시작되었다.

지금도 그 광경을 처음 보았을 때의 뭐라 형용할 수 없는 상쾌한 기분을 잊을 수 없다. 그 순간 인생에서 처음으로 화장실이 '더러운' 장소가 아니게 되었다.

잘 생각해보면 지금까지는 아무리 청소해도 결국 더러움은 솔에 옮겨져 온전히 존재했다. 결국 지금까지 한 번도 진정한 의미에서 '화장실 청소'를 끝낸 적이 없다. 다시 말해 그 순간 나는 인생에서 처음으로 화장실 청소에 성공한 셈이다.

그러고 나서 깨달았다. 중요한 것은 거기부터라는 걸. 변기 솔을 버린 나의 화장실 청소는 어떻게 되었을까?

매일 아침 변기에 구연산 1작은술을 뿌리고 작은 걸레로 배수구 안쪽까지 손을 넣어 박박 청소한다. 그것이 나의 새로운 습관이다.

뭐? 싫다고? 믿을 수 없다고? 일단 해보라. 최고의 기분을 맛볼 수 있을 것이다. 자신이 배출하는 것을 마지막까지 제 손으로 처리하는 진정성. 청결, 후련함이라는 느낌. 여기까지 한다면 이미 괜찮다. 이것이 가능할 때 비로소 진정한 의미에서 자립했다고 할 수 있다. 문자 그대로 '자신의 엉덩이는 스스로 닦는' 거다. 무언가가 엉덩이를 닦아줘야 살 수 있다면 청결이라는 말을 붙일 수 없다. 물론 앞으로 늙어 몸져누우면 그런 말을 할 수 없을 테지만, 그때까지 하루라도 길게 자신의 뒤처리는 스스로 하면서 살고 싶다.

매일 아침 2분 습관으로 세계와 이어진다

곰곰이 생각하면 대소변도 내 몸에서 나온 것이다. 더욱 거슬러 오르면 그것은 내가 먹은 것이고, 맛있고 즐겁게 입으로 들어간 것이다. 그것을 내장에서 소화시킨 것인데 대체 무엇이 더럽다는 것인가! 만일 불쾌한 냄새가 나거나 대변이 변기에 묻는다면 그것은 먹는 음식에 문제가 있어서다. 결국은 스스로 소화하지 못할 음식을 먹거나 섬유질이 풍부한 음식이나 발효식품의 섭취를 게을리한 결과다. 결국은 변기의 더러움은 장의 더러움이고 나아가서는 마음의 혼란으로 이어진다.

그렇게 생각하면 손으로 변기를 깨끗이 닦는 것은 매일 자신의 장 상태를 체크하고 나아가서는 장을 깨끗이 그리고 마음을 깨끗이하는 행위와 다르지 않다. 그걸 외면하고 마치 남의 일처럼 '더럽다'고 말할 때가 아니다.

그뿐만이 아니다. 자신이 배출한 것은 사라지지 않고 강이나 바다로 흘러간다. 결국은 돌고 돌아 자신에게 되돌아온다. 그렇게 생각하면 제 손으로 만질 수 없는 더러움을 세상으로 흘려보내서는 안 된다. 손으로 변기를 닦는다는 행위는 자신이 저지른 것에 책임지고 넓은 세계를 향해 '다녀오세요' '건강히 또 오세요'라며 보내는 것이다.

매일 아침 2분 동안 손으로 박박 변기를 문지르면서 멀리 강이나 바다나 우주가 기뻐하는 모습을 상상한다. 나는 이미 혼자가 아니다. 그리고 지금 나의 배설물은 불쾌한 냄새도 없고 변기에 묻지도 않는다. 나는 살아있는 정화 장치다. 그걸 생각하면 일이 풀리지 않아도 친구가 없어도 '난 살 가치가 있다'고 느낀다. 최고다.

물건을 정리하는 행위는 이 같은 엄청난 결과를 초래한다.

욕실 주변, 소위 물건이 무심코 쌓이는 공간을 햇살이 드는 장소로 변신시키는 데 성공한 시점에서, 다음은 드디어 옷 정리다.

이것은 모두가 고민하는 문제다. 단순한 생활을 목표로 하는 사람의 대부분이 옷 정리를 가장 중요한 일로 꼽는다. 친구와 같이 며칠 전 입지 않게 된 옷을 벼룩시장에 내놓았는데 홍보를 위해 SNS에 올렸더니 반응 대부분이 '사고 싶다'가 아니라 '나도 출품하고 싶다'였다. 그런 시대다. 지금 우리 인생은 죄다 '입지 않은 옷'으로 이루어져 있다.

옷 90퍼센트 줄이는 데 성공하다

내가 그 문제의 옷을 어디까지 정리했는가 하면 무려 90퍼센트를 처분했다. 왜 이렇게까지 했는가 하면 몇 번을 말하지만 회사를 그만두고 이사한 원룸에는 수납공간이 없었기 때문이다. 내 방을 둘러봐도 벽, 벽, 벽으로 옷장이나 벽장 같은 가구는 일절 없다.

덧붙여 이 원룸이 지어진 것은 1964년 도쿄올림픽이 열릴 무렵이다. 일본 경제가 급성장하고 있었다. 지금 생각하면 꿈같이 기세 있던 시대였는데, 당시 실제로 어떤 생활을 하고 있었는가 하면 수납공간 하나 없는 집에서도 태연히 살았다. 지금 기준으로 말하자면 분명 '미니멀리스트'다. 당시 일본인은 대다수가 미니멀리스트였다.

그렇다면 나는 이곳에 살아야 했다. 그래도 사회생활을 하는 이상은 옷을 몽땅 버릴 수도 없어서 작은 서랍장을 샀다. 그리고 가구점에서 집과 나이가 같은 50년 된 중고 서랍장(약 1만 6000엔)을 샀다. 햇빛에 바란 나무의 감촉이 낡은 방과 제법 잘 어울려서 의외로 멋스럽다. 과연 물건은 조화가 전부다. 아무리 낡고 값싼 가구라도 적소에 배치하면 생동감에 넘쳐 다시 나를 격려한다.

버리고 버리고 버린다

앞으로는 이 서랍장에 수납한 것으로 살아간다. 고개 숙이며 "잘 부탁해"라고 인사한다. 그러나 들뜬 것도 여기까지다. 옷이나 속옷, 숄, 양말을 넣었더니 더이상 아무것도 들어가지 않는다. 코트도 개켜서 서랍에 넣을 수밖에 없다. 태어나서 코트 같은 외투를 개켜본 적이 없다. 본디 개켜도 되는 건가? 주름이 지지 않나? 그래도 열심히 개켜서 넣었더니 예상은 했지만 부피가 엄청나다. 예상하지 못한 것은 숄이다. 아무리 필사적으로 돌돌 말아도 스웨터만큼의 부피가 되었다.

결국 옷은 버리고, 버리고, 버리는 수밖에 없었다.

당연하다. 원래 대형 옷장 세 개에 정리함 네 개, 바구니 한 개(다시 떠올려봐도 어마어마한 양이다)에 그득 채워져 있었던 것들이다. 코트나 옷, 속옷, 양말, 파자마, 스포츠웨어, 전통 의상, 소품 등등을 작은 서랍장에 모두 수납할 수 없으니 당연하다.

지금 생각해봐도 좋은 선택이었다.

전부 버린 건 아니지만 느낌상으로는 그랬다. 보통 사람이 흔히 하는 '입지 않는 옷을 버리는' 수준이 아니라 소용없거나 애용하는 옷까지 가차 없이 처분 대상에 포함했다.

그렇다면 편한 집안일을 위해 모두 여기까지 정리해야 하는가 하면 그렇지는 않다. 보통 수납공간의 50퍼센트만 줄이면(그것도 대단한 일이다) 말끔하게 정리된 방에서 지낼 수 있다.

그렇다면 어째서 내가 구태여 극한 체험에 대하여 이야기하느냐, 사람은 진심이면 이렇게까지 할 수 있다는 사실을 알리고 싶어서다.

극단적인 옷정리 후 무슨 일이 일어났나?

여하튼 자랑은 아니지만 나는 '옷 바보'다. 옷을 사려고 일했다고 말할 수 있다. 나아가 회사원 시절에는 연공서열이라는 예전 시스템의 혜택을 입어 이사할 때마다 수납공간이 넓은 집으로 이사할 수 있었다. 덕분에 옷을 산더미처럼 쌓아두고 기뻐하며 살았다. 그런 나도 처지 때문에 90퍼센트 정리하는 위업을 달성했다. 결국 누구든 '할 수 있는' 거다.

요컨대 할지 말지가 관건이다. 한마디 덧붙이면 모든 건 '해야겠다'는 마음의 문제가 아닐까?

바꿔 말하면 대다수 사람이 단순한 생활에 실패하는 것은 뭐니 뭐니 해도 '옷을 버리고 싶지 않은' 마음을 버리지 못하기 때문이다. 아무리 방이 말끔히 정리되어도 옷을 버린 이후의 인생은 어떻게 될까? 인생을 빛내고 싶어서 열심히 옷을 샀다. 그러면 그것을 버린 앞으로의 인생은? 아무리 생각해도 '빛날' 것 같지 않다. 보통은 그렇다. 이렇다면 의욕이 생기지 않는 것도 당연하다.

그래서 먼저 옷을 버린 뒤 내게 대체 무슨 일이 일어났는지, 이후의 삶이 어떻게 되었는지를 이야기해야겠다.

멋쟁이는 옷을 잔뜩 가지고 있어야 하는 걸까?

결과부터 말하면, 이번에도 역시 아무렇지 않다. 내가 인생에서 소중히 여겨왔던 것, 결국 멋 내는 게 너무 좋아서 매일 최고의 옷을 입고 지내고 싶었는데 지금도 전혀 달라진 게 없다.

가진 옷의 거의 대부분을 정리한 이후에 나의 이미지가 달라졌다는 말을 들은 적은 한 번도 없다. 어쩌면 말하고 싶어도 하지 못한 것일 수도 있지만, 적어도 그런 일은 없었다. 지금도 처음 만난 사람에게 자주 '멋쟁이'라는 말을 듣는다. 인사치레라는 건 잘 알지만 그래도 그렇게 말하는 것은, 객관적으로 멋쟁이인지 아닌지는 별개로, '멋에 관심이 있는 사람' '노력해 꾸미는 사람'으로 인정받는 게 아닐까.

무슨 말인가 하면, 그 사람이 멋쟁이인지 아닌지는 그 사람이 가진 옷의 수와 상관없다는 거다.

나는 내내 멋쟁이는 옷을 많이 가지고 있는 사람이라고 생각했다. 그러나 잘 생각해보면 분명 그건 아닌 거 같다.

결국 멋쟁이란 자신에게 '어울리게' 옷을 입는 사람이다. 그래서 나는 90퍼센트 옷을 버렸을 때 당연히 무엇을 버리고 무엇을 남길지 고민에 고민을 거듭했다. 그 단장의 결단에 앞서 나는 모든 옷을 실제로 입어 보았다. 남길 옷이 너무 적어 '비쌌다'거나 '얼마 입지 않았다'는 것으로 선별할 수 없어 '한점 흐림 없이 어울리는가'로 엄밀하게 자문했다.

그렇게 걸러진 10퍼센트의 옷을 매일 입기에 나는 말 그대로 '멋쟁이'다. 이런 당연한 것을 알아차리는 데 반세기가 걸렸다.

오늘도 활기차게 노력하자

지금까지 많은 옷을 입어왔는데 그건 분명 즐거웠다.

그러나 그때처럼 끊임없이 옷을 샀다면 나는 지금쯤 분명 파탄이 났을 것이다. 내 옷더미 속에는 몇 년간 한 번도 입지 않은 옷, 있는지조차 잊고 있던 옷도 많았다. 생각하면 당연한 일로, 아무리 잘나가고 많은 옷을 가지고 있어도 입는 건 나 혼자다. 1년 365일, 혼자 입을 수 있는 옷은 어쨌든 한정되어 있다. 그럼에도 철철마다 마치 의무인 양 새로운 옷을 사들인 나는 일종의 광인이었다. 대체 왜 그런 명백한 부조리를 멈출 수 없었는가?

지금 보면 나는 옷을 사는 것으로 '대단한 나'가 되고 싶었다고 생각한다.

지금 내게 없는 새 옷을 입는 행위로 지금의 자신을 돋보이게 하고 싶었다. 뒤집어 말하면 그런 식으로라도 스스로 북돋지 않으면 세상의 인정을 받을 수 없다고 믿었다. 나는 지금의 나로는 안 된다고 생각했다.

그러나 옷을 정리하고 비로소 그렇지 않다는 것을 알았다.

나는 내게 괜찮다. 매일 같은 옷을 입어도 기분 좋게 만족할 수 있다. 등을 펴고 기분 좋게 웃으며 지낼 수 있다. 중요한 사실은 바로 이것이다. 나는 나로 좋다고 생각하는 것, 결점도 미흡한 점도 많지만 그런 자신으로 오늘도 활기차게 당당히 살아가려 한다. 바로 이것이 '멋'의 목적이 아닐까?

그것은 옷을 계속 사지 않아도 이룰 수 있다. 오히려 지금 있는 옷을 정리하고 가장 자신에게 어울리는 옷만 남긴다면 분명히 달성할 수 있다.

쇼핑이야말로 가장 피곤한 집안일

이제 하루 중 옷에 대해 생각하는 시간이 갑자기 사라졌다. 내게는 이제 옷에 대한 새로운 정보가 필요하지 않다. 지금까지는 이런저런 최신 패션 정보를 체크하고 조금이라도 시간이 나면 옷가게를 탐색하고 이것도 저것도 가지려 했다. 그 때문에 이를 악물고 돈을 벌어야 했고 스트레스를 견뎌야 했다.

그런데 그 모든 게 사라졌다.

정말 놀랐다! 이렇게 보니 내가 그동안 얼마나 많은 시간과 에너지를 소모해왔는지에 놀라지 않을 수 없었다. 갑자기 생긴 여유! 남아도는 자유시간! 나의 인생은 느닷없이 한 차원 높아졌다.

다시 말해 나는 옷 90퍼센트를 정리함으로써 멋을 내겠다는 마음을 버린 게 아니라 막대한 돈과 에너지를 만들어냈다.

그런 식으로 생각하면 '쇼핑을 줄이는' 행위가 얼마나 가치 있는지를 새삼 깨달았다. 집안일이라고 하면 요리, 세탁, 청소라고 생각할지 모르지만, 현대인이 가장 많은 시간과 에너지를 쏟아붓는 집안일은 분명 '쇼핑'이다. 쇼핑 역시 집안일의 하나로, 이것을 최소화하지 않고는 아무것도 줄일 수 없다.

'여기가 아닌 어딘가'를 찾아 헤매는 암흑기

다시 생각한다. 우리는 왜 이토록 쇼핑에 빠져드는 것일까? 끊임없이 새로운 옷이나 편리한 상품을 엄청난 시간과 돈을 들여 손에 넣는 인생, 그것은 이미 여기가 아닌 어딘가, 지금이 아닌 미래에 낙원이 있다고 믿고 있기에

할 수 있는 행동이다. 이 행동 패턴에는 결코 끝이 없다. 그래서 우리의 인생은 늘 '시간이 없다!' 나는 나로는 안 된다. 좀 더 무언가 손에 넣지 않으면 행복할 수 없다면, 인생의 시간은 끊임없이 부족하고 우리의 일생은 쇼핑으로 시작해 쇼핑으로 끝날 것이다. 나아가 돈 걱정도 평생 뒤따른다.

하지만 만일 여기서 충분하다, 나는 나로 좋다, 이미 모든 걸 손에 넣었다고 생각할 수 있다면.

그것만으로 인생은 크게 달라진다. 충분한 시간과 에너지를 사용하여 정말로 하고 싶은 일을 한다.

따라서 그 첫걸음을 내딛을지 말지는 인생에서 진정 결정적인 사건이 아닐까.

그렇다면 그 첫걸음은 어떻게 내딛으면 좋을까? 내가 강하게 권하는 것은 먼저 옷을 90퍼센트 정리하는 것이다. 옷 정리는 자신을 찾는 일이다. 결점도 장점도 있는 자신을 있는 그대로 인정하고 그 자신을 사랑하고 살리는 것. 그럴 수 있다면 당신은 이미 아무것도 찾지 않아도 된다. 여기가 아닌 어딘가, 아니 지금 여기를 마음껏 즐기면 된다.

부엌 편

드디어 물건 버리기도 마지막 단계를 맞이했다. 욕실 주변, 옷··· 그다음은 여기다. 부엌!

사실 '부엌 비우기'는 의외로 다루지 않는다. 비우고 있다고 말하는 사람의 대부분은 '옷' 정리에 힘을 쏟고 있다고 앞서 이야기한 바 있다. 그 외에는 '책'이나 부엌 비우기로, 원래 하는 사람이 극히 드물다.

사실은 앞에서 소개한 곤도 마리에의 책 『정리의 힘』에서도 부엌의 정리법에 대해서는 거의 설명하지 않는다.

거기에는 이유가 있는데 그녀는 '남길지 버릴지의 판단이 쉬운 것'부터 시작하면 정리는 성공한다고 말하며, 거기에 제시된 구체적인 순서에 의하면 부엌용품이 등장하는 건 거의 끄트머리다. 즉, 부엌용품이란 '정리에 반생애를 바친' 곤도 마리에의 경험치로 봐도 가장 '남길지 버릴지 판단하기 어려운 것'이라고 인정하는 듯하다.

더불어 그 순서에 의하면 가장 정리하기 쉬운 것은 옷, 이어서 책, 서류로 이어진다. 그렇다면 세상의 많은 사람이 옷이나 책 비우기에 힘을 쏟는 건 어떤 의미에서 옳은 행동이다.

부엌 비우기를 말하지 않는 이유

그런 가운데 나는 아마 일본에서도 소수인 부엌 비우기를 대대적으로 해낸 귀중한 산 증인이다. 이것도 거듭 말하자면 회사를 그만두고 수납공간이 전혀 없는 집으로 이사하면서 강제적으로 시작한 것이지만, 결과적으로 나는 귀중한 존재가 되었다.

그런 입장에서 이야기해보자.

먼저 첫 번째.

지금까지 이야기한 욕실 주변과 옷의 엄청난 단사리는 이미 설명했듯이 행동이 과격했던 만큼 내 인생이 180도 바뀌는 결과를 가져왔다. 단정한 차림새와 멋을 포기한 것도 아니다.

그런데 부엌은 달랐다. 대대적으로 비우기를 감행하기 전과 후의 식생활은 완전히 달라졌다. 그래서 만일 해보자는 사람 중에 가족이 있는 사람은 주의가 필요하다. 상당히 가치관이 맞는 가족이 아닌 한 무리하여 비우기를 진행하면 심각한 다툼으로 전개될 확률이 높다.

그리고 두 번째.

만인에게 추천하지 않는다. 그러나 나는 상상하지 못한

놀라운 생활이 몹시 마음에 들었다.

이것이 최고의 생활이라고 지금의 행복한 생활에 만족한다. 원래 생활로 돌아가고 싶은 마음은 전혀 없다. 결국은 부엌 비우기라는 엄청난 대업을 이루고 인생이 크게 변한 데 마음속으로부터 기뻐한다는 것은 2장에서도 이야기한 바 있다.

여하튼 우선은 내가 부엌의 물건을 얼마만큼 버렸는지 이야기해보자.

더불어 나는 원래 요리하기를 좋아했기에, 지금까지 살았던 집은 부엌수납이 충분할 것이 절대 조건이었다. 그런데 새로 이사 간 집의 부엌은 충격적일 만큼 비좁았다. 싱크대와 조리대 아래, 그리고 벽에 작은 수납공간이 있었지만 대략적으로 말해 수납공간은 이전의 4분의 1쯤 되었다. 내가 가진 것의 4분의 3은 처분해야만 했다.

맛있는 걸 먹을 수 없다고!?

4분의 3은 엄청난 숫자다.

이게 옷이라면 처분하는 데 마음만 아프지만, 부엌용품을 처분한다는 것은 '지금까지 당연히 먹었던 것을 먹을 수 없다'는 의미를 가진다.

냄비나 조리기구, 향신료를 처분하면 압력솥으로 지었던 따끈따끈한 현미밥, 큰솥으로 쫄깃하게 삶았던 스파게티, 작은 찜기로 쪄냈던 만두, 푸드프로세서로 만든 다카노 두부와 당근 소보로, 열대 향신료를 사용해 만든 아시아 요리 같은 걸 먹는 날은 이제 두 번 다시 오지 않는다는 의미다. 아니, 말이 되는가? 아무리 회사를 그만두었다고 자력으로 좋아하는 요리를 만들어 먹는 것조차 포기해야 하다니, 너무 하지 않은가.

먹는 음식은 분명 매일 살아갈 에너지원이다. 그것이 줄어든다면 내 행복의 상당 부분이 싹둑 잘려 나가는 듯한 기분이 들 것이다.

그렇게까지 해서 살아야 하는 인생이 대체 무슨 의미가 있을까?

바로 이것이 부엌 비우기가 뒤로 밀려난 이유는 아닐까? 부엌의 단사리는 인생의 근원적인 부분에 영향을 미치는 것이다. 잃는 것이 너무 많다. 그것은 아무리 좋게 봐도 지나치다.

그래도 궁지에 몰린 내게 다른 선택지는 없었다. 결국 다음과 같이 되었다.

가난한 단칸방 부엌처럼

먼저, 조리도구.

- 냄비 : 작은 냄비와 작은 프라이팬 한 개를 남기고 모두 버림
- 조리가전 : 전부 버림
- 국자나 주걱 등 조리도구: 주걱 하나만 남기고 모두 버림
- 커트러리 : 젓가락 두 벌과 수저, 포크 한 개씩을 남기고 모두 버림

이어서 조미료류.

- 조미료 : 소금, 된장, 간장을 남기고 모두 버림
- 향신료 : 후추와 고춧가루와 카레를 남기고 모두

버림

그야말로 에도 시대의 가난한 단칸방 부엌이다.

당연하다. 바로 그 부엌을 모델로 무엇을 남길지 정했기 때문이다.

이것이 무엇을 의미하는가 하면 나는 앞으로 에도 시대의 좁은 단칸방 같은 식생활을 평생 이어간다는 것이다. 위에서 '남긴 것'을 보면 알겠지만, 이것으로 만들 수 있는 것이라면 '밥, 된장국'이 고작이다. 나머지는 간단히 나물이나 찜, 무침 같은 소박한 반찬. 나는 그런 것만 앞으로 죽을 때까지 먹는 인생을 보낼 것이라고 애끓는 심정으로 결정했다. 집요해 보이지만 따끈따끈한 현미밥도 쫄깃하게 쪄낸 만두도 향신료도 없다.

말할 나위도 없이 이 같은 인생의 일대 사건을 쉽게 결정하진 않았다. 깊이 고민하고 실망하고 몇 번이고 마음을 접었다. 그래도 마지막에 어떻게든 나 자신을 납득시킬 수 있었던 것은 다음과 같이 마음을 정리했기 때문이다.

만일 맛있는 요리가 먹고 싶으면, 즉 파에야나 잘 익힌 스파게티, 크로켓이 너무 먹고 싶어지면 식당에서 먹으면 된다. 지금까지는 그 같은 진수성찬을 내 힘으로 만들며

자긍심을 느끼며 살았지만, 앞으로는 전문가에게 맡기자. 공들인 요리일수록 그 분야의 전문가가 만든 최고의 요리를 먹자. 지금까지 매일 맛있는 요리를 먹는다는 목표로 살았지만 모든 일에는 빛과 그림자가 있다. 일상이 그림자가 되어도 좋지 않을까. 그 그림자가 있기에 가끔의 빛이 더 기쁘다. 앞으로는 그런 변화가 있는 식생활을 시작하자. 나는 결코 진 게 아니다. 비참하지도 않고, 전락한 것도 아니다.

그렇게 무리하여 자신을 납득시켰다.

그래서 현실에서 어땠을까?

보통의 식탁, 그만두었다!

예쁜 요리책 혹은 동영상 사이트를 보고 맛있어 보이는 다른 세계의 진수성찬을 매일 만들어 식탁에 잔뜩 올린다. 이것이 현대 일본의 '극히 평범한 식탁'이다. 그래서 내일도 모레도 '밥, 국, 절임반찬'을 먹고 살아간다고 하면 엄청난 기세로 모임의 분위기가 썰렁해진다. 그리고 쏟아지는 질문들. 그중에서 가장 많이 듣는 말은 "질리지 않아요?"다.

네, 잘 압니다. 분명 질린다면 생각만 해도 큰일이다. 물론 질린다고 굶어 죽는 것은 아니지만, 그래서 아무래도 좋은 문제는 아니다. 힘든 일이 많은 이 세상에서 매일 맛있고 좋아하는 음식을 먹는 건 모두가 가진 얼마 안 되는 희망이다. 그런데 굶어 죽지 않을 만큼 최저한의 음식만을 먹고 살아가는 것은 마치 무슨 형벌 같지 않은가.

그래서 실제로는 어떤가.

그것은 예상도 하지 못한 새로운 세계로 가는 입구다.

김으로 만드는 진수성찬

맨 처음 일어난 일은 매일의 식사가 질리기는커녕 오히려 즐거움으로 가득 차기 시작했다는 것이다.

식단이 너무 소박해 보이지만 가득 찼다.

일부러 외식하러 가지 않아도 이 '밥, 국, 절임반찬'에 일품을 더하기만 해도 만족스럽다.

일품이라고는 해도 별다른 게 아니다. 김이나 낫토, 무를 갈아 올린 것 정도로 이 정도만 곁들여도 정말 맛있다.

당연하다. '시장이 반찬'이라는 말이 있듯이 매일 소고기 전골이나 라자냐, 푸팟퐁 커리, 닭강정, 새우튀김이 번갈아 올라오는 식탁에 소박한 김이 올라오면 주목받지 않지만 매일 반찬이 '절임'이라면 향긋한 김 향기에 절로 콧구멍이 벌름거린다. 그리고 그 바삭거리는 식감이라니. 밥과 절묘하게 잘 어울린다.

이렇게 되면 정육점에서 사온 크로켓이나 두붓집에서 사온 두부 한 모로 완전히 다른 차원의 축제를 즐길 수 있다.

결국 처음에는 그림자와 빛으로 나뉜다고 생각하면 그림자인 소박한 밥상도 견딜 수 있을 것이라고 생각했는데 그런 차원의 이야기가 아니었다. 그림자가 빛을 낳는다. 그림자 없이는 빛도 없다. 지금까지는 매일 빛이었기 때문에 빛도 뭐도 없었다. 그저 당연한 듯이 일상에 매몰되어 있었다. 그런데 일상에 그림자를 만듦으로써 평범한 음식이 그리고 내심 무시 혹은 경시했던 음식이 차츰 내 안에서 절대적인 빛의 음식이 되었다.

뭐든 진수성찬, 뭐든 감사하다.

이거 엄청난 이득 아닌가!

이제까지는 맛집 정보를 모아서 전철을 타고 레스토랑

에 찾아가서 '맛있는 요리'를 먹으려 노력했는데 이젠 그럴 필요도 없다. 이렇듯 김에도 잔뜩 흥분하는 처지가 되면 걸어서 2분 걸리는 동네 중국집에서 만두를 먹는 날에는 그 추억을 가슴에 담고 반년 정도 만족한다. 기쁨에 넘쳐 맛있게 만두를 먹고 그 모습에 중국집 아저씨도 흡족해 방긋 웃는다. 이렇게 근처에 단골 맛집이 생기고 나의 집안일은 편해진다. 이 이상 맛있는 것이 없다고 생각하는 요즘이다.

그것만으로도 대혁명이지만 여기에 그치지 않는다.

영원히 맛있는 생활

이 식생활이 이어질수록 오히려 빛보다는 그림자인 밥상에 가슴이 두근거렸다. 지금 음식 중에 무엇을 가장 좋아하는지 묻는다면 그것은 분명 '밥'이다. 매일 먹는 현미밥, 이것이 다른 어떤 진수성찬보다도 진심으로 가슴을 두근거리게 하는 음식이다.

물론 밥이 싫었던 적은 없지만 맛있는 것, 좋아하는 것이라면 당연히 '반찬'으로, 밥은 그저 밥이다. 좋아하거나 맛있는 것의 논외였다.

그래도 지금은 '밥이 좋다'고 소리치고 싶다.

더불어 다음으로 좋은 것은 '된장국'이고 그다음 좋은 것은 '절임류'다. 결국 무엇이 좋은가 하면 지금 매일 먹고 있는 식사가 가장 좋다.

물론 여기에 김이 더해지면 기쁨이 더해지지만 그것은 어디까지나 밥을 곁에서 돕는 조연 정도다. 게다가 이것이 김이면 그나마 낫지만, 자신이 주인공인 양 착각하는 조연이 되면(예를 들자면 스테이크) 다소 당혹스럽다. 왜냐하면 조연 덕분에 가장 좋아하는 밥의 맛이 흐려지는 게 아쉽기 때문이다.

이 말이 무엇인가 하면, 나는 영원히 '맛있는 생활'을 완벽하게 손에 넣었다는 뜻이다.

밥과 국, 절임반찬은 먹으면 먹을수록 좋아진다. 그리고 이렇게 소박한 밥상이라면 세상이 어떻게 변하든 일이 없든 꼬부랑 할머니가 될 때까지 자신의 힘으로 무리하지 않고 만들어 먹을 수 있을 것 같다.

결국 나는 세상 사람의 예상을 크게 벗어나 매일 진수성찬을 먹는 생활을 포기한 결과, 오히려 매일 더할 나위 없이 맛있는 음식을 진심으로 만족해하며 먹는 나날을 죽을 때까지 보내기로 마음먹었다.

정말 아이러니하다. 지금은 SNS로 맛있어 보이는 레스토랑이나 멋진 홈파티 영상이 흘러나와도 눈곱만큼도 마음이 움직이지 않는다. 다들 좋겠다. 즐거운 시간을 보내는구나. 힘내라. 그러나 나는 지금으로 충분하다. 지금이 충분히 좋다. 그렇게 마음은 어디까지나 고요한 호수의 수면처럼 잔잔하다.

'지금 여기에 있는 것'의 맛을 알아차릴 수 있다

지금 돌이켜 생각하면 사람이 가진 능력에는 한계와 가능성이 있다.

예컨대 본디 맛있다는 건 무엇일까? 우리는 대체 어떤 것을 맛있다고 말하는가?

나는 지금까지 더 맛있는 게 좋아 그걸 먹기 위해 노력을 아끼지 않고 살아왔다. 그래도 부엌의 대대적인 비우기로 '맛있는' 것을 만들 수 없게 된 결과, 대체 무슨 일이 일어났는지 묻는다면 맛있는 것이 없어지지 않았고 지금껏 전혀 알아차리지 않던 맛있는 것을 차례로 발견하게 되었다.

그것은 지금 여기에 있는 것이었다.

예를 들면 화려한 반찬을 실컷 먹은 뒤에 먹는 밥도, '밥, 국, 절임' 밥상이 되면 당당히 주역으로 돋보인다. 어? 밥이 맛있네. 지금까지 알아차리지 못했는데 식감도 좋고 은근히 달고 좋아. 씹을수록 맛있다.

일단 그렇게 되면 다음은 밥의 모든 면이 긍정적으로 평가된다. 보통 냄비로 적당히 지은 현미밥이 항상 마음에 드는 건 아니지만 이렇게 밥이 메인이 되면 다소 딱딱하더라도 맛있다고 생각한다. 꼭꼭 씹으면 그것은 그것 나름으로 맛있게 느껴진다.

결국 나는 지금 나의 내면에 있는 '맛있다고 느끼는 힘'을 갈고닦는다. 그 힘이 단련될수록 어떤 것이든 모두 그 안에 무한한 맛을 감추고 있다는 걸 알게 된다.

진정 맛있다고 생각한 것은 다른 게 아니라 자기 혀 안에, 자기 마음속에, 결국은 '지금 여기'에 존재하고 있다.

자신의 가능성을 깨닫는다

먹는 것에 한하지 않는다.

지금까지 설명했듯이 행복하기 위해 부지런히 손에 넣은 물건들을 과감히 버린 것은 내 안에 있는 '행복해지는 힘'을 발견하는 행위였다.

청소도구를 없애고 옷을 처분하고 조리도구나 조미료를 포기함으로써 지금의 생활을 얻었다. 그 결과, 아무것도 없는 방에서 무소유의 멋을 즐기고 별것 없지만 맛있는 것을 먹는 힘. 결국은 별것 없지만 작은 행복에 만족하고 생활하는 힘이 이미 '자기 안'에 있다는 것을 깨달았다. 이것은 영원한 안심이다.

곤도 마리에 씨의 말처럼, 방 정리라는 것은 서둘러 끝내는 게 좋다. 왜냐하면 정리는 인생의 목적이 아니고, 진정한 인생은 정리한 후에 시작되기 때문이다.

나도 전적으로 찬성한다. 자기다운 인생을 마음 가는 대로 살아가기 위해 우선은 쓸데없는 물건을 버려보자.

물건이 가져올지 모르는 가능성을 버림으로써 자기 안의 새로운 가능성을 불러온다. 그것이 다시 태어나는 체험이다. 막다른 곳처럼 보여도 세계에 분명히 바람구멍을 열고 자신의 가능성을 발견하는 행위다.

적어도 나는 정리를 통해 내 인생을 망설임 없이 걸어나갈 수 있었다.

짐을 줄이고 홀가분하게 걸어간다. 물건은 유한하지만 자신의 가능성은 무한하다.

결국 마지막은 택배 도시락?

평론가 히구치 게이코 씨가 주부에게도 '부엌일 정년'이라는 것이 있어야 한다고 말해 공감을 불러 모았다. 우에노 지즈코 씨와의 대담집 『인생의 그만둘 때人生のやめどき』에 의하면 동년배 친구에게 받은 연하장에 82세 무렵부터 "그토록 좋았던 요리가 이렇게 두려울지 생각지 못했다"는 내용이 늘어나는 것을 보고 "남자도 여든이 되어도 일할 수 있다는 말을 듣는 게 싫듯이 여자의 부엌일도 여든이 되면 하기 힘든 법이다" "자발적으로 부엌일 정년을 설정하는 수밖에 없다"라고 주부를 대상으로 하는 잡지에서 말했는데 점점 호응하는 사람이 늘었다는 것이다.

과연 그렇다. 분명 우리 엄마가 늙어가는 것을 눈으로 보고 다시금 생각한 것도 요리라는 것이 얼마나 엄청난 프로젝트였는지 하는 사실이다. 나이를 먹으면 '하고 싶지 않다' '못한다'고 말하는 때가 오는 것은 잘 안다.

그래서 에구치 씨는 어찌하느냐 하면 주 2회 배달 도시락을 받아 큰 도움을 받는다고 한다. 이런 사람이 많은 듯 고령 독자가 대부분인 신문에는 큰 지면에 배달 도시락의 광고가 대대적으로 실린다.

나도 언젠가는 이런 도시락을 먹을 때가 올까?

사실은 그것이 꽤 두렵다.

어느 광고를 봐도 내가 먹고 싶은 게 없다. 아니, 그 반대다. 이것도 저것도 너무 맛있어 보인다.

예를 들면 며칠 전 광고에서는 '숙련된 요리사가 감수! 본격적인 풍미'라는 배달 반찬 세트의 사진이 죽 나와 있었다. 소고기 감자조림, 안심 가스, 달걀 수프, 데미그라스 소스 햄버거…. 매일 다른 진수성찬의 연속. 그래도 나는 1국 1반찬 생활이 최고라고 생각한다. 보기만 해도 배가 부르다. 한 달에 한 번 정도라면 고맙겠지만 매일 이것을 먹는다면 고문이다.

내친 김에 이 세트 '한 사람이라도 공들여 만든 요리가 먹고 싶다' '다채로운 요리를 즐기고 싶은' 사람에게 권하고 있다. 과연 내게 맞지 않다. 나는 혼자이든 아니든 공들여 만든 요리는 아주 간간이 먹으면 충분하고 단순한 조리 방식의 음식을 선호하는 사람이다.

그렇게 생각했더니 본격적으로 두려워졌다. '간소한 집안일 만세'라고 기뻐했더니 어느 사이엔가 세상과 격차가 생기고 말았다. 이것은 꽤 바람직하지 않은 사태가 아닐까. 여든이 넘어 요리를 못하게 된다면 나는 무엇을 먹고 살아야 한다는 걸까? 생각해보면 배달 도시락에 한하지 않고 실버타운 같은 곳에서 나오는 밥도 비슷한 '진수성찬'임에 틀림없다. 그게 현대 노인의 꿈이다. 아, 이런 곳에 소박한 끼니 라이프의 함정이 있었다니.

이런 생각에 이르니 오싹했다.

그렇게 겁먹을 필요는 없지 않을까?

원래 나 같은 식생활에서 요리는 그리 대단한 것은 아니다. 아니 전혀 대단치 않다. 밥을 짓고 된장국을 만드는 거라면 보통 사람(공들여 만든 다채로운 풍부한 요리를 즐기고 싶은 사람)이 82세에 요리가 힘들어진다면 나는 90세 정도가 되어 드디어 힘들어지지 않을까?

아흔을 넘기면 먹는 것도 더욱 줄어들 것이고 그렇다면 그 나름으로 스스로 할 수 있을 것 같다. 된장국을 만들 수는 없어도 밥은 지을 수 있을지 모른다. 그렇다면 밥만 먹고 산다. 그것도 못 하게 되면 죽을 만든다. 죽이라면 물양 맞추는 게 중요한 밥 짓기와 달리 넉넉한 물에 쌀을 적당히 넣고 약한 불로 끓이면 된다. 그렇게 되면 이미 환자식이지만, 이미 늙은 상태라면 병이 한두 개는 있을 것이다. 그렇다면 그것으로 마침 좋지 않을까?

이렇게 매일 죽을 먹고 마지막은 그것도 만들 수 없고 먹을 수도 없어 굶고 서서히 움직이지 않다가 죽어간다. 비극으로 뉴스에 나올 우려도 있지만, 죽은 뒤 어떤 평가를 받든 신경 쓰지 않는다.

이런 일이 실제 일어날까 하는 것과는 별개로 그렇게 생각했더니 지금의 방식으로도 괜찮지 않을까 조금 용기가 생겼다.

게다가 이것은 정말로 비극일까?

오래 사는 시대란 죽는 방법을 망설이는 시대이기도 하다.

요양병원 상근 의사 이시토비 고조 씨는 죽음을 준비하는 몸에는 거기에 맞는 영양과 수분이 있으면 충분하고 먹지 못한다고 수액으로 영양을 주는 것은 고통을 줄 뿐이라고 호소한다.

물론 이것은 곧 죽음을 맞이하는 고령자의 최후에 관한

이야기다.

우리는 언젠가는 죽음을 맞이한다. 누구나 곧장 죽음을 향해 걸어가고 있다. 그렇다면 죽음을 앞둔 정도의 나이가 되면 '곧 죽음을 맞이할 준비'를 시작해도 좋지 않을까. 그래서 그것이 '언제'인지는 자신의 몸에 물어보면 좋지 않을까.

그를 위해서는 평소에 '몸'을 주의 깊게 살펴야 한다. '머리'로만 생각하면 무심코 탐욕이 이긴다. 사실은 그렇게 먹고 싶은 게 아닌데도 젊은 시절 먹어 왔듯이 진수성찬을 먹지 않으면 진 것 같다. 그것은 어쩌면 스스로 자신에게 사실은 필요하지 않은 고영양의 수액을 놓고 죽음을 고통스럽게 하는 행위와 같지 않을까.

그렇게 생각하면 편한 집안일을 시작한 게 정말로 좋았다고 생각한다. 몸이 움직이는 범위에서 '정말로 필요한 것'만으로 사는 것(=간소한 집안일 생활)이 몸에 익으면 몸이 움직이지 않아도 그 범위에서 살면 된다고 자연스럽게 생각하지 않을까. 그리하여 마지막은 미라처럼 말라서 죽는다. 그것을 인생의 최고 목표로 삼아도 좋지 않을까.

CHAPTER 9

늙은 아버지의 고민

치매에 걸려 집안일을 하지 못하게 되고 매일 혼란스러운 가운데 계속 싸워온 엄마가 세상을 떠난 지 7년이 지났다. 이번에는 혼자 살게 된 아버지가 우울해지기 시작했다.

원래 취미가 많은 분이라 정년퇴직하기 직전부터 아마추어 합창단에 들어가서 정기적으로 콘서트에도 참가하고, 정기적인 고교 동창생 모임을 돕는 역할도 하고 마음이 맞는 친구끼리 어려운 책을 과감히 읽는 '독서회'의 회원으로 활동하고 계셨다. 생전 엄마는 "아버지는 늘 집에 없어서 나 혼자 외롭다"라고 한탄했는데 엄마가 세상을 떠난 뒤에도 아버지가 굳세게 혼자 생활을 이어갈 수 있는 건 오랜 세월 키워온 취미 덕분이었을 것이다.

그렇게 생각하면 '노후의 보람'을 차곡차곡 의식적으로 쌓아온 아버지가 굉장하게 느껴진다. 고령화 시대의 본보기라고 할까. 그런데 코로나로 모든 활동을 멈춰야 했던 무렵부터 톱니바퀴가 어긋나기 시작했다.

오랫동안 집 안에서 지낸 탓인지 허리와 다리가 약해져서 체력의 한계를 이유로 합창단을 그만둬야 했다. 다른 활동을 재기하려고 할 때마다 코로나의 여파로 생각처럼 순조롭지 않았다. 요양보호사의 소개로 다니기 시작한 노인센터에서 노래를 부르거나 핸드벨로 합주하거나 하며 즐거운 시간을 보내고 있는 듯하여 천만다행이라고 안심했는데 최근 그것도 마음이 내키지 않는 모양이다.

이유를 들어보니 '정말 잘해주는데 결국은 내가 주체적으로 무언가를 하는 게 아니다' '하나부터 열까지 저쪽이 준비해준다. 고맙지만 그것만으로는 살아있는 의미가 없다'는 것이다.

늘 긍정적인 아버지의 우울한 고백에 무심코 철렁 가슴이 내려앉았다. 과연 마음의 문제는 보통 방법으로는 안 된다. 은퇴하고 나서도 취미로 교류에 공부에 '주체적으로 활약'해온 아버지 입장에서는 모두 다 해주는 노인복지 시스템에서 보람을 찾지 못하는 게 당연한 것인지도 모른다.

아버지는 분명 이렇게 말하고 싶은 거다.

'그냥 살아있을 뿐'인 자신에게 대체 무슨 의미가 있는가.

그리고 아버지의 고통은 사실 결코 남의 일이 아니다.

남에게 도움이 되지 않고 존경도 존중도 받지 않고 소위 '사회의 짐' 같은 존재가 되어버린다면? 그것은 현대를 살아가는 누구나가 '그것만큼은 피하고 싶다'고 느끼는 두려움일 것이다. 먼저 효율화가 강조되는 세상에서 그런 식으로 '그저 살아가기만 하는' 것은 아무런 가치도 없는, 해서는 안 되는 일이라고 어느 사이엔가 모두 당연한 듯 생각하게 되었다.

따라서 노인이든 젊은이든 모두 필사적으로 자신은 그런 한심한 존재가 아니라 세상에 필요한 존재라는 것을 증명해내기 위해 매일 닳도록 애쓴다. 인생은 노력해야 하는 영원한 게임처럼 그것만으로도 힘든데, 아무리 밝게 빛나는 사람이든, 쉬지 않고 노력하는 사람이든 나이를 먹는다는 것은 누구에게나 반드시 찾아온다는 사실이다. 인생의 마지막에 빠짐없이 공포가 찾아온다니 너무 심한 이야기라고 생각하지만 그것이 현실이다. 누구나 마지막의 마지막은 '그저 살아있기만 한' 존재가 되어간다. 도전을 받아들일 수 없고 자리를 뜰 수도 없다. 물론 나도 그렇다.

나는 그때 무엇을 생각할 것인가. 몸도 머리도 쇠약해져 당연히 책이나 칼럼도 쓸 수 없게 될 것이다(지금도 한계다). 그러면 이렇다 할 무엇이 가능한 것도 아니고 변함없이 외톨이로 비틀비틀, 그럼에도 죽지 않은 존재가 되었을 때, 매일 살아가는 데 어떤 의미가 있다고 생각할 수 있을까?

그래서 정신이 번쩍 들었다.

내게는 집안일이 있다!

나는 '그저 살아 있기만 한' 것이 아니라 자신이 할 수 있는 즐거운 일, 고마운 일을 떠올릴 수 있었다.

예를 들어 늘 작은 냄비로 밥을 짓는 것.

남은 감자와 건조 미역으로 된장국을 만드는 것.

땀내 나는 내의나 셔츠를 대야에서 조물조물 빨아 말리는 것.

바닥을 빗자루로 쓸어 많은 먼지를 모으는 것.

그래, 내게는 집안일이 있다!

실제 사람은 그저 살아있기만 한 건 아니다. 누구든 숨쉬는 한 생활해야만 하고 집안일, 즉 요리, 세탁, 청소는 어쨌든 죽는 순간까지 자신 혹은 타인이 해야만 한다.

그래서 나는 그 '해야만 하는 것'을 하나하나 '즐거운' 일로 떠올릴 수 있었다.

모든 사회에서 평가받는 것도 돈이 벌리는 것도 아니고 그저 해야만 하는 성가시기만 한 작업. 그러나 나는 누가 뭐라든 그것에서 더할 나위 없는 보람을 느끼고 즐겁다고 생각한다. 나는 이처럼 마음먹는 데 보기 좋게 성공했다. 마음의 혁명을 이루어냈다. 그리고 나의 즐거움의 근원은 내가 살아있는 한 사라질 일이 없다.

결국 나는 앞으로 나이를 먹어 할 수 없는 일이 많아져도 언제든 '그저 살아있기만 한' 것에 만족할 수 있는 가능성이 높지 않을까?

왠지 내가 엄청난 지점까지 와버린 것 같다!

간소한 집안일이 가르쳐준 것

결국 '간소한 집안일'에 눈뜬 내가 배운 최대 장점은 '스스로 자신을 돌볼 수 있다'는 것이다. 오랫동안 그런 식으로 생각하지 않았다. 아니, 그 발상 자체가 없었다. 오히려 보살핌을 받는 사람이 훌륭하다, 혹은 행운아라고 믿었다.

그래서 자신이 자신을 돌보는 게 가능할 리 없다고 믿었다. 그것은 너무나도 방대한 과제였다. 이것저것 원했고, 하고 싶은 게 너무도 많이 존재하기에 편리한 도구에 멋진 옷에 잡화를 사들이는 인생은 눈이 돌아갈 만큼 바빠서 자신을 돌보는 일은 달에 가는 것만큼이나 어려운 프로젝트였다.

그러나 이제까지 이야기했듯이 여러 일들이 있고 그런 화려한 생활을 눈물로 떠나보내고 나니 나의 행복은 지금 이 작은 집에서 그리고 자신 안에 있었다. 창으로 보이는 푸른 하늘, 흰 구름, 커다란 나무, 새들, 나뭇가지 새로 비치는 햇살… 이 이상 무엇이 필요한가. 달나라 여행을 가지 못한다고 애석해할 여유 같은 건 없다. 차라리 창문을 반짝거리게 닦는 게 낫다.

돈도 특별한 능력도 필요 없다. 약간의 결의만 있다면 그저 그것만으로 충분한 행복을 나는 내 힘으로 손에 넣을 수 있다. 그 사실이 너무도 큰 안심과 행복을 준다. 나는 무력하지 않다. 나는 내 힘으로 행복할 수 있다.

그래 나는 내 일을 스스로 할 수 있다.

그것이 가능하다면 그것이 내 행복이다.

인생을 감당할 수 있다.

한 번도 이런 생각을 한 적이 없다. 대단한 발견이다.

나는 앞으로도 계속 그 행복을 놓지 않고 살아가고 싶다. 결국은 자신의 일을 스스로 돌보는 범위에서, 간소한 집안일을 해내는 범위에서 살아가면 좋겠다.

행복하게 죽어가는 과정

분수에 맞는 행복을 깨달은 내게는 앞으로 자신이 어떤 길을 거쳐 늙어가면 좋을지 그 과정이 구체적으로 보였다.

앞으로 점점 나이를 먹고 체력, 기력이 모두 쇠약해지면 그것에 맞게 저마다 생활을 규모를 줄이면 된다. 집을 줄이고 먹을 것은 간소히 하고 입는 것도 줄인다. 더 나이를 먹으면 단칸방에서 쉽게 닦고 쉽게 마르는 옷 한 벌을 필요에 따라 빨아 입고 지금의 1국 1반찬을 언젠가는 1일 2식, 마지막에는 1식으로 살아가면 된다.

자신이 쇠약해짐에 따라 자신의 생활도 점점 작게 줄여가는 끝에 사라지듯이 죽어갈 수 있다면 나는 마지막까지 스스로 나를 돌보면서 덩그러니 외톨이가 되어도 원망이나 괴로움 없이 살아서 좋았다, 잘 살았다고 생각하면서 죽어갈 수 있을 것 같다.

물론 이것은 본격적인 늙음이나 죽음을 맞이하기 전의 인간의 망상에 지나지 않는다. 정말 유사시에 엄중한 나이 듦에 직면했을 때는 틀림없이 상상도 할 수 없는 여러 어려움이 기다리고 있을 게 틀림없다. '환갑도 되지 않은 젊은 사람이 무슨 그런 말을 하느냐'고 하면 그 말 그대로다.

그렇다고 해도 스스로 자신을 돌보는 범위에서 살아간다. 쇠약해지는 만큼 살림을 점차 줄인다. 인생 후반생을 맞이한 지금의 내게 솔직히 희망 그 자체다. 늙음도 죽음도 자신이 감당하는 것이라고 생각한다. 감당할 수 있다면 그것은 두려워할 것은 아니다.

이런 지점까지 온 건가. 그래도 이 지점까지 올 수 있어서 좋았다.

살아있다는 것은 신비롭고 재미있고 멋지다. 그토록 싫었던 집안일이 인생을 구원했다. 그런 일이 정말로 일어났다.

그것을 생각하면 이 세상 모든 것에는 아직 끝없는 가능성이 있는 것인지 모른다. 소중한 것을 가르쳐주었다. 집안일의 은혜를 결코 잊지 않고 집안일에 구원받은 이 인생을 죽을 때까지 활기차게 살아갈 생각이다.

글을 마치며

총리님, 집안일 하세요?

(살림천국 에미코, 정치경제를 말하다)

만일 내가 총리었다면, 최대 정치 현안으로써 먼저 충실한 가정과 교육 보급에 힘쓸 것이다.

어른부터 어린이까지 성별을 불문하고 누구나가 스스로를 잘 돌볼 수 있도록 요리, 세탁, 청소를 미리미리 가르친다.

결국 스스로 자신을 돌보는 노하우를 전 세계에!

농담이 아니다. 나는 지금 진지하다.

대부분의 국민이 그런 재능을 당연히 갖추는 날이 온다면 지금의 이러지도 저러지도 못하는 수많은 난제는 모두 자연히 술술 해결될 것이다.

장시간 노동도, 격차 문제도, 저출산도, 노후 불안도,

근본을 살펴보면 결국은 '돈이 없으면 인생 아무것도 아니다' '그러나 충분한 돈이 들어올 것 같지 않다'는 불안에서 찾아오는 것이다. 그러나 그 모순과 불안은 어떤 의미에선 아무것도 아니다. 그런 시대다. 고도성장 시대처럼 모두가 눈을 부릅뜨고 무언가를 원하던 시대는 끝났다. 그것은 환경문제 해결을 위해서는 환영받아 마땅한 변화다. 그러나 그런 까닭에 물건이 팔리지 않고 최근 30년간 평균임금은 거의 오르지 않았다. 그리고 아마 앞으로도 오르지 않을 것이다.

생각하면 생각할수록 출구는 없어 보인다.

그래도 절망할 필요는 없다.

요컨대 돈이 좀 없어도 지금은 물론 앞으로도 안심하고 행복할 '수단'을 가진다면 괜찮지 않을까. 그렇다면 개인의 불안도 국가의 수많은 난제도 술술 풀리지 않을까?

물론 그 수단이란 집안일이다. 집안일 이외에 무엇이 있는지 나는 묻고 싶다. 게다가 집안일은 할 마음만 있다면 누구든 할 수 있다. 까다로운 시스템도 특별한 재능도 필요 없다. 이런 최저비용 고수익의 투자가 있을까?

그런데 현실은 '지금 여기에 있는 보물'을 깨닫지 못하고 현실에 절망하고 미래를 비관적으로 보는 사람이 얼마나 많은가.

그렇다는 것은 바꿔 말하면 우리의 사회는 아직 '성장 잠재력'이 충분하다는 말이다. 그런데 일본인의 절반 정도는 집안일을 하지 않는다. 그렇다면 '이것이야말로' '지금 여기에 있는 광맥'이 아닌가!

세상 속 훌륭한 사람들은 분명히 알고 있다.

훌륭한 사람이라면 살림 문제를 뺀 경제 대책은 마치 구멍이 뚫린 양동이에 물을 붓고 있는 것처럼 어리석은 일이라는 것을 안다.

돈에 어려움을 겪는다고 빚잔치를 해서는 안 된다. 그런 일시적인 돈으로 국민의 불안은 없어지지 않고 빚만 증가할 뿐이라 문제는 복잡해질 따름이다. 게다가 본디 그런 상환도 되지 않을 빚으로 '있는 척'을 하고 있을 때가 아니다. 의학의 진보로 국가가 지원해야 할 고령자는 날로 증가한다. 결국 모든 측면에서 봐도 우리는 지금도 앞으로도 '돈이 필요하기' 때문에 '돈이 없다'. 그런 엄중한 현실을 외면해도 해결되는 것은 아무것도 없다.

그래서 현실적으로 생각하고 지금 필사적으로 찾아야만 하는 것은 '돈 이외'의 우리를 행복하게 해줄 자원, 광맥의 발굴이 아닐까? 그 발상 없이는 앞으로의 우리 사회는 어디를 향하든 막다른 길뿐이라고 생각하는데 어때요, 총리님?

이런 질문이 문득 떠올랐다.

총리나 중앙은행 총재, 대기업 회장이나 나라의 경제를 담당하는 높으신 분들은 혹시 집안일을 안 하는 게 아닐까?

그렇다면 이 난제를 구원할 굉장한 광맥(=집안일)을 알아차릴 리 없다.

그것은 실로 심각한 문제다. 그래서 진지하게 그들에게 묻고 싶다.

"집안일을 하고 계십니까?"

진짜 묻고 싶다. 누가 물어봐주길. 만일 집안일을 하지 않는다면 그 사람도 돈 말고는 다른 행복의 수단을 모르는 사람이 된다. 이 시대에 그것은 실로 가여운 일로, 그들의 노후가 걱정된다. 그리고 무엇보다 일본의 미래가 걱정이다. 자신의 문제도 해결할 수 없는 사람이 어떻게 국민의 문제를 해결할 수 있을까?

그러나 그건 그렇다 치고, 높으신 분이 움직이길 기다리지 않아도 그 행복의 불씨는 누구든 지금 당장 가질 수 있다.

태어난 시대나 환경을 선택할 수는 없지만 어떤 상황에 놓여도 누구든 스스로 행복할 수 있고, 그렇게 믿는 것이 이 혼란스러운 시대에 사실적인 희망이라고 생각한다. 따라서 이 어려운 시대를 살아내고 고군분투하는 모든 사람에게 다시금 뜨겁게 응원의 말을 보낸다.

집안일 하러 가자!

KI신서 11816
살림지옥 해방일지

1판 1쇄 발행 2024년 3월 29일
1판 2쇄 발행 2024년 5월 20일

지은이 이나가키 에미코
옮긴이 박재현
펴낸이 김영곤
펴낸곳 ㈜북이십일 21세기북스

J-CON팀 이사 정지은 **팀장** 박지석
해외기획실 최연순
출판마케팅영업본부장 한충희
마케팅1팀 남정한 한경화 김신우 강효원
출판영업팀 최명열 김다운 권채영 김도연
제작팀 이영민 권경민

출판등록 2000년 5월 6일 제1406-2003-061호
주소 (10881) 경기도 파주시 회동길 201(문발동)
대표전화 031-955-2100 **팩스** 031-955-2151 **이메일** book21@book21.co.kr

ISBN 979-11-7117-504-8 03590

다른 일을 하고 싶다면 지금 시작하라!
새로운 사랑을 하고 싶다면 바로 지금 시도하라!
세상에 이름을 남기고 싶다면 오늘부터 노력하라!

'후회 없는 죽음'을 위해 지금 당장 실천해야 할 25가지

20년 전 출간되어 50만 명이 넘는 독자의 사랑을 받은 『죽을 때 후회하는 스물다섯 가지』가 새로운 모습으로 재출간되었다. 1000명 넘는 이들의 임종을 목격한 호스피스 전문의인 저자가 기록한 '죽기 전에 하는 후회'의 목록에서는, 현장의 생생한 사연을 바탕으로 한 다양한 삶의 드라마가 펼쳐진다. 이 이야기들은 우리로 하여금 자연스레 자기 삶을 되돌아보고 재점검하게 한다.

죽을 때 후회하는 스물다섯 가지를 읽은 명사들의 추천!

호라티우스의 라틴어 시에 '카르페 디엠(Carpe Diem)'이란 말이 있다. 이 말은 '모든 일은 생애 단 한 번이니 지금 이 순간을 놓치지 말라'는 뜻으로 일기일회와 의미가 닿아 있다. 이 책은 '간절히 보고 싶은 사람이 있다면 그리고 만날 기회가 아직 있다면, 마냥 시간이 흘러가게 놓아두지 말라'고 호소한다. 아마도 '그' 사람을 만나는 일이 어쩌면 일기일회인 이 삶에서 지금 이 순간을 잡도록 하는 '카르페 디엠'일지 모르기 때문이다.

— **유성호(서울대학교 의과대학 법의학교실 교수)**

유품을 통해 고인들의 삶을 살펴보면서 죽음의 순간을 직면한 안타까운 순간과 남겨진 사람들의 후회를 보았다. 이러한 경험을 통해 나는 삶의 소중함과 지금의 중요성을 깨달았다. 그렇다면 나는 '인생을 어떻게 살아야 할까?' 이런 고민은 일상이 되었다. 할 수만 있다면, 영정사진 속 그분들을 만나 질문을 해보고 싶었다. 그때 죽음을 앞둔 분들의 경험을 토대로 쓴 이 책을 보며 그 답을 얻었다.

— **김석중(유품정리사, 유 퀴즈 온 더 블록 출연)**